우리 집에 온

태교 선생님

우리 집에 온
태교 선생님

지은이 송금례
그린이 이은영
펴낸이 임상진
펴낸곳 (주)넥서스

초판 1쇄 발행 2010년 2월 20일
초판 15쇄 발행 2020년 2월 28일

출판신고 1992년 4월 3일 제311-2002-2호
주소 10880 경기도 파주시 지목로 5
전화 (02)330-5500 팩스 (02)330-5555

ISBN 978-89-6000-797-0 13590

www.nexusbook.com
넥서스주니어는 (주)넥서스의 어린이 전문 브랜드입니다.

송금례 교수의 다중 지능 태교법

우리 집에 온 태교 선생님

송금례 지음 | 이은영 그림

넥서스주니어

행복한 임신 축복된 만남

'선생님 저 그대로 했더니 진통 1시간 만에 힘주기 한 방으로 순산했어요!'

새벽 2시에 들어온 휴대 전화 문자입니다. 단잠을 깨고 매일 밤 또는 낮으로 들어오는 문자는 작은 천사들의 음악 소리처럼 내 마음을 설레게 합니다. 생명을 잉태했거나 잉태하기를 소원하는 모든 분들께 경의를 표합니다. 지난 8년 동안 맑은샘 태교연구소의 71명의 강사들과 함께 약 21만 8,000명의 임산부들을 만났습니다. 이 책에 담은 다양한 태교법들은 모두 다 앞서 간 엄마들의 발자취를 모은 것입니다. 그동안 그들의 눈물과 땀 그리고 고통과 기쁨을 함께 보고 느끼며 더 긍정적이고 효과적인 태교법을 완성해 나갈 수 있었습니다.

이 책은 아내와 남편, 아기가 온전히 하나가 될 수 있도록 함께 동시를 읽고 그림을 그리며 노래를 부르고 아기에게 사랑을 표현하는 편지를 담고 있습니다. 뿐만 아니라 임신 기간 동안 필요한 순산 체조와 마사지를 전문 강사 없이도 집에서 손쉽게 따라할 수 있도록 구성했습니다. 특히 'S.T(Soul Tie) 감통 분만법'은 맑은샘 태교연구소에서 가장 사랑받는 분만법으로, 고통스러운 분만을 웃음과 행복으로 바꾸어 줄 것입니다.

임신은 모두에게 기쁨이자 축복입니다. 3밀리미터의 작은 생명이 2.5~3.5킬로그램의 온전한 모습으로 세상 밖으로 나오는 신비스러운 과정이며, 엄마와 아기가 280일 동안 함께하는 사랑 여행이기도 합니다. 생명도 하나, 마음도 하나, 몸도 하나가 되는 이 시간을 소중하게 보내어 건강한 아기를 출산하길 바랍니다. 또한 세계적으로 닥쳐 온 저출산의 문제와 임신으로 고민하는 임산부들에게 이 책이 전하는 응원의 메시지가 도움이 되었으면 합니다.

특별히 맑은샘 태교연구소의 강사들, 태아들을 위해 아름다운 시를 선물해 주신 신현태 목사님, 태교 음악에 도움을 준 김숙희 선생님, 체조 모델로 수고한 김미연 선생님, 기도로 섬겨 주신 두 분의 어머님, 등대가 되어 준 남편과 격려를 아끼지 않은 아들, 소중한 호산나 가족들께 감사드립니다. 그리고 사랑하는 딸 은영, 은영이가 없었다면 이 책은 아직도 내 마음과 서재에 머물러 있었을 것입니다. 그의 창조적인 그림들과 순백한 마음에서 흘러나오는 말들이 글을 쓰게 만들었으니까요. 세상에서 많은 사랑만 받고 살았던 나와 우리 가족이, 다른 사람을 섬길 수 있는 책을 내놓을 수 있어서 감사합니다. 끝으로 사랑하는 내 아버지 하나님께로부터 모든 것이 공급되었음을 고백합니다.

맑은샘 태교연구소 송 금 례

순산을 위한 필독서

새로운 생명의 탄생을 받아 내는 신비스러운 일에 감동해서 산과 의사가 된 지 20년이 되었지만 분만실은 예나 지금이나 큰 차이가 없어 보입니다. 최근 들어 다양한 태교와 분만법이 시행되고 있지만 내용이 복잡하고 분만 중인 산모가 따라 하기에는 어려운 점이 많습니다.

송금례 교수님은 임산부를 위한 순산 교실을 열어 예비 아빠 엄마들에게 필요한 것이 무엇인지, 출산의 기쁨과 행복의 내용들을 가르쳐 주고 있습니다. 또한 생명을 잉태하였지만 두려워하는 임신부들에게 자신감과 정체성을 회복시켜 주는 역할도 하고 있습니다. 현장에서 축적된 많은 경험에서 흘러나오는 강의는 산모들을 감동시키고 그들을 변하게 하였습니다.

송금례 교수님의 산모 출산 교실을 마치고 밖으로 나서는 부부들의 행복한 미소를 볼 때마다 언젠가 책을 통하여 더 많은 산모들에게 알려지기를 기도했는데 이제야 빛을 보게 되어서 참 기쁩니다. 또한 예비 엄마 아빠들이 이 책을 통하여 임신과 순산에 필요한 실제적이고 실천적인 지식들을 얻어 기쁨으로 출산할 수 있으리라 기대합니다.

익산 정산부인과 원장 정병헌

아름다운 만남을 준비하는 엄마들께

저는 일곱째가 태중에 있을 때 송금례 교수님을 만나게 되었습니다. 힘들었던 제게 교수님은 태교가 얼마나 소중하고 아름다운 것인지 일러 주시고 임신 기간 동안의 소중한 시간을 가족과 함께 할 수 있도록 격려해 주셨습니다. 저는 기다림의 시간을 더 사랑하고 소중하게 생각하게 되었고 사랑하는 우리 일곱째를 기쁨으로 품을 수 있었습니다.

태아와 엄마의 숨결이 이어지고 엄마가 아름다움과 즐거움을 느끼며 엄마의 눈을 통해 세상과 인사하고 노래하며, 생명에서 생명으로 이어지는 바로 그것. 생명을 잉태하고 출산하여 아가와 만나 가슴에 포근히 안을 감격의 순간까지 필요한 시간의 터널이 되는 게 태교이고, 이 태교야말로 아기와 가족에게 정말 소중한 순간이라 생각합니다.

이 책은 사랑하는 아기와의 소중한 만남을 준비하고, 아름다운 것을 보여 주고, 행복한 출산을 원하는 많은 분들에게 정말 소중한 지침서가 될 것입니다. 또한 행복한 가정을 이루는 통로가 되고 훗날 자녀들에게도 물려줄 수 있는 아름다운 유산이 될 거라고 믿습니다.

여덟 째를 기다리는 행복이 엄마 김영미

차례

1
아가야 환영해
임신 초기 | 0~12주

초기 태교법 준비된 엄마 아빠에게서 건강한 아기가 태어난다 · 14

음악 태교 · 16

태아가 좋아하는 클래식 · 18

웃음 태교 · 20

피부 태교 · 23

음식 태교 · 25

입덧을 극복하기 위한 10가지 대처 방안 · 29

부부 태교 · 30

태담 동화 1 아가야, 환영해 · 32

태담 동시 환영 · 38

태담 동시 모유 · 39

태담 동시 건강 · 40

노래 태교 곰 세 마리 · 42

Twinkle Twinkle Little Start · 43

초기 순산 체조와 스트레칭 · 44

태아 마사지 · 48

아기를 위한 엄마의 DIY 우리 아기 손싸개 만들기 · 50

사랑의 하트 딸랑이 만들기 · 52

2
아가야 기뻐해
임신 중기 | 13~28주

중기 태교법 행복한 엄마 아빠에게서 행복한 아기가 태어난다 · 56

자연 태교 · 58

뇌 태교 · 61

임신 부부와 출산 뒤의 성 · 64

명언 태교 · 66

아기에게 꼭 들려주고 싶은 태교 명언 21 · 68

태담 동화 2 아가야, 기뻐해 · 72

태담 동시 선물 · 78

태담 동시 성장의 바람 · 79

태담 동시 계절 · 80

노래 태교 엄마 별 나의 별 · 82

If You're Happy And You Know It · 83

태아가 좋아하는 클래식 · 84

태담 전화기 만들기 · 85

중기 순산 체조 · 86

분만을 도와주는 볼 체조 : 준비 운동 · 90

분만을 도와주는 볼 체조 : 팔 운동 · 92

분만을 도와주는 볼 체조 : 다리 운동 · 94

역아를 잡아 주는 자세 · 96

튼살 마사지 · 98

붓기를 없애 주는 마사지 · 100

아기를 위한 엄마의 DIY 깜찍한 꼭지 모자 만들기 · 102

3 아가야 사랑해

임신 후기 | 29~40주

후기 태교법 사랑하는 엄마 아빠에게서 사랑받는 아기가 태어난다 · 106

성품 태교 · 108

독서 태교 · 111

서로의 마음을 잇는 독서 태교법 · 113

독서 태교 실전편 · 114

임신 기간에 따른 독서 태교법 · 118

모유 수유 · 120

모유 수유의 성공 노하우 · 122

S.T 감통 분만법 · 124

장군맘의 감통 분만법 출산기 · 127

태담 동화 3 아가야, 사랑해 · 128

태담 동시 사랑 · 134

태담 동시 부부 사랑 · 136

태담 동시 할아버지, 할머니 사랑 · 138

노래 태교 아빠는 엄마를 좋아해 · 140

The Wheels On The Bus · 141

태아가 좋아하는 클래식 · 142

후기 순산 체조 · 144

분만을 촉진시키는 자세 · 148

남편과 함께하는 순산 체조 · 150

모유 수유를 성공하기 위한 유방 마사지 · 154

플러스 산후 체조 · 156

아기를 위한 엄마의 DIY 알록달록 곤충 모빌 만들기 · 160

태교와 출산에 관한 Q&A · 162

부록 그림 태교 활동 자료

엄마는요! | 태아는요! | 조심하세요!

1개월 1~4주

엄마는요!
몸의 직접적인 변화는 없지만 예민한 산모는 나른하거나 감기와 비슷한 증상을 느낄 수 있다. 이 시기의 자궁은 달걀 크기 정도이고 자궁내막은 착상에 대비해 부드럽고 두꺼워진다.

태아는요!
크기: 0.4~0.5cm 체중: 0.4g 전후
6~9일 뒤에 수정란이 자궁 내에 착상하면 빠른 세포 분열이 시작된다. 뇌와 척추, 눈, 귀, 피부 등이 되는 외배엽과 내장이 되는 내배엽 그리고 심장과 혈관이 되는 중배엽이 만들어진다. 태아는 머리가 신체의 절반을 차지하며 아랫부분은 긴 꼬리가 달린 해마 모양이다.

조심하세요!
월경이 2주 이상 늦어지면 임신 진단을 받아 보고, 약을 복용하거나 X선 촬영을 함부로 받지 않도록 한다. 태반과 태아가 모두 불안정한 상태이므로 외부 요인에 영향을 받을 수 있음을 명심하자.

2개월 5~8주

엄마는요!
진단으로 임신을 확인할 수 있고 이번 달에도 생리가 없다. 유방이 아프고 기초 체온이 올라간다. 메슥거림과 울렁거림, 입맛의 변화, 잦은 소변, 입덧 등의 증상이 나타나고 식욕이 없어진다.

태아는요!
크기: 1~5cm 내외 체중: 1~5g 전후
태아의 신경 조직이 형성되고 위, 장 등 내장이 분화하기 시작해 장기의 기초가 생긴다. 6주에는 심장 박동을 확인할 수 있으며 눈, 턱, 입 등이 형성되어 머리 부분이 발달한다. 머리와 몸통이 구분되고 양수와 함께 태반을 만들기 시작한다.

조심하세요!
병원을 정하고 과로, 심한 운동, 장거리 여행, 과격한 성생활은 삼가고 충분한 휴식을 취하는 것이 좋다. 또한 술이나 담배 등 몸에 해로운 것은 절대 금물이다. 또한 유산 위험이 있으므로 약간이라도 출혈이 있을 때는 즉시 병원에 가야 한다.

3개월 9~12주

엄마는요!
자궁이 주먹 크기 정도로 커지면서 잦은 소변, 변비와 소화 불량 증세가 나타나며 입덧이 점점 심해진다. 가슴이 부풀어 오르고 감정의 기복이 심해진다.

태아는요!
크기: 8~9cm 내외 체중: 20~30g 전후
전체적인 얼굴 윤곽이 드러나는데 눈꺼풀이 생겨 눈을 깜빡일 수 있고 입을 움직이기 시작한다. 이 시기에 귀가 발달하고 손가락과 발가락의 형태가 뚜렷해지며, 팔다리를 움직인다. 태반이 완성되고 성별을 구별할 수 있다.

조심하세요!
유산에 특별히 주의하고 보다 규칙적인 생활과 배변 습관, 청결에 신경을 쓴다.

4개월 13~16주

엄마는요!
개인차가 있으나 입덧이 서서히 가라앉고 유산의 위험이 크게 줄어든다. 자궁이 어린아이 머리 크기만큼 커져서 아랫배가 볼록하게 나오고 양수가 많아져 몸무게도 늘어난다. 유방이 커지면서 배가 나오는데 자궁을 받쳐 주는 인대가 늘어나 발목이 저린 경우가 많다.

태아는요!
크기: 16~19cm 내외
체중: 110~120g 전후
솜털이 나고 피부색이 붉게 변한다. 근육과 뼈가 발달하고 손가락, 발가락, 손톱, 발톱이 완성되며 뇌가 급격히 발달해 외부 자극에도 반응한다. 움직임이 활발하고 청진기를 통해 심장 박동을 들을 수 있다.

조심하세요!
항상 몸을 따뜻하게 한다. 식욕이 생기기 시작하는 시기여서 균형 잡힌 식사로 음식 태교를 한다. 15주 무렵부터는 근육 단련에 도움이 되는 산책이나 가벼운 운동, 순산 체조 등을 통해 건강한 몸을 만들어 간다.

5개월 17~20주

엄마는요!
태동을 느끼기 시작한다. 자궁은 어른 머리 크기만큼 커지고 아랫배가 눈에 띄게 나온다. 유선이 발달하여 초유가 분비된다. 식욕이 왕성해질 때는 체중 조절에 신경을 써야 한다.

태아는요!
크기: 18~25cm 내외
체중: 150~300g 전후
양수 속에서 활발하게 움직이며 발차기를 한다. 몸의 형태는 4등신으로 균형을 잡아 가며 청각과 미각이 완성된다. 또 망막이 발달해 빛에도 반응하고 엄마 아빠의 목소리를 기억한다.

조심하세요!
빈혈 증세가 나타나기 쉬우므로 철분 함유가 많은 음식이나 철분제를 추가로 복용한다. 그리고 태아의 유치가 잇몸 속에서 돋아나기 시작하는 시기이므로 칼슘을 충분히 섭취한다.

6개월 21~24주

약간의 호흡 곤란은 정상적인 증상이고 정맥류, 치질, 빈혈이 생기기 쉽다. 하복부가 눈에 띄게 불어나고 체중도 갑자기 늘어난다. 태아에게 공급하는 영양분이 점차 늘어나 두통, 어지럼증, 현기증을 느끼기 쉬우므로 반드시 철분제를 섭취한다.

크기: 28~30cm 내외 체중: 650g 전후
양수의 양이 많아져 태동이 심해지고 청각 기능이 발달되어 자궁 밖에서 나는 소리에 반응한다. 폐가 많이 성장하며, 피부는 주름져 있고, 눈을 깜빡이고 손가락을 빨기 시작한다.

이 시기에 팔다리가 자주 붓고, 튼살이 생기기 쉬우므로 임산부 체조를 통해 붓기를 없애고 배와 허벅지에는 튼살 방지 크림을 발라 마사지한다.

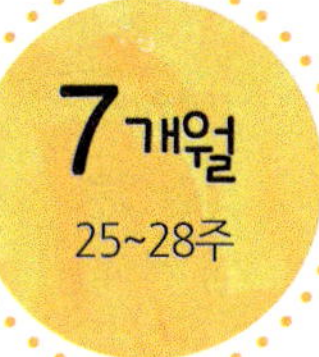

7개월 25~28주

자궁이 가슴 쪽 가까이 올라와서 호흡이 가빠지고 몸의 균형을 잡기가 힘들어진다. 임신선이 조금 더 진해지고 숙면을 취할 수 없어 피로감에 시달리거나 요통, 소화 불량, 치질, 정맥류, 손발 저림 증세가 나타날 수 있다.

크기: 35cm 내외 체중: 800~1kg 전후
뇌가 충분히 발달하여 몸의 기능을 조절하고 밤낮을 구분할 수 있다. 소리에 더욱 민감해진다. 폐가 발달하여 호흡을 연습하고, 태지가 온몸을 덮고 피하 지방이 생겨 지방 분비물이 많이 나온다.

배가 당기거나 뭉치는 일이 잦으면 충분한 휴식을 취하고 그래도 심한 경우는 의사와 상담한다. 임신 중독증과 조산에 주의하고 무리한 운동이나 스트레스를 피한다.

8개월 29~32주

자궁이 폐까지 밀고 올라오기 때문에 호흡이 짧아지고 위나 심장을 눌러 위가 쓰리거나 가슴이 답답해 체한 것처럼 속이 거북하다. 자궁 수축으로 배가 뭉치는 느낌이 들고 복부와 유방에 임신선이 생기며 초유가 흘러나온다. 또한 허리나 등 부분에 통증이 생긴다.

크기: 40~42cm 내외 체중: 1.5kg 전후
피부 주름이 펴지면서 피하 지방이 붙고 골격도 완성되어 신경 작용이 활발해진다. 청각이 거의 완성되고 임신 30주면 마음과 의식을 관장하는 대뇌에 뇌파가 나타나 엄마의 감정 변화를 알아차릴 수 있다.

출산 준비물을 미리 챙겨 두고 출산할 병원도 예약해 둔다. 이 시기에는 임신 중독증이나 조산 위험이 커지므로 2주마다 정기 검진을 받는다.

9개월 33~36주

자궁저(자궁 위쪽)가 명치 위로 올라와 숨쉬기가 답답하다. 또한 자궁이 방광을 압박해 소변 횟수가 늘어나고 젖꼭지와 외음부의 색이 짙어진다. 배가 자주 당기고 딱딱해지며 엉덩이와 골반이 불편하고, 요통이 심해진다. 빈혈, 두통, 어지럼증, 현기증이 나타나기도 하고 발목과 발, 손과 얼굴이 많이 붓는다.

크기: 45~50cm 내외
체중: 2.3~2.6kg 전후
겉모습은 성숙한 태아의 모습에 가깝고 피부 주름이 거의 없어진다. 공간이 좁아져 움직임이 둔하지만 시각, 청각, 미각, 촉각 등이 완전하게 발달한 상태이다. 대부분의 태아는 이때쯤 되면 머리를 아래로 향한 자세를 취한다. 또 35주에 태어난 아기는 폐가 거의 완성되어 있어 조산하여도 99퍼센트 생존할 수 있다.

아랫배의 잦은 통증, 출혈이나 양수가 터지면 즉시 병원으로 간다. 충분한 안정을 취하고 적당한 운동을 하며 성생활은 약하게 조절한다.

10개월 37~40주

출산이 가까워지면서 장기를 압박하던 자궁이 아래로 내려가 호흡과 소화 기능이 편해지지만 방광을 압박하여 항상 소변이 마려운 듯한 느낌이 든다. 자궁구와 질은 분만에 대비하여 부드러워지고 분비물이 늘어난다. 태동이 줄어들고 태아의 머리가 골반 안으로 내려가면서 엄마의 몸은 중심이 뒤로 젖혀진다.

크기: 50cm 내외 체중: 2.6~3kg 전후
태지가 떨어져 나가고 살이 올라 피부 주름이 펴지고 내장 기관과 근육도 성숙한다. 또한 태반을 통해 여러 가지 항체를 받아 충분한 면역 기능을 갖추고 엄마와 만날 준비를 마친다.

언제든 출산할 수 있는 시기임으로 일주일에 한 번씩 정기 검진을 받고 입원 준비와 비상 연락망을 다시 확인한다. 출산을 위해 충분한 휴식을 취하고 마음의 준비를 한다.

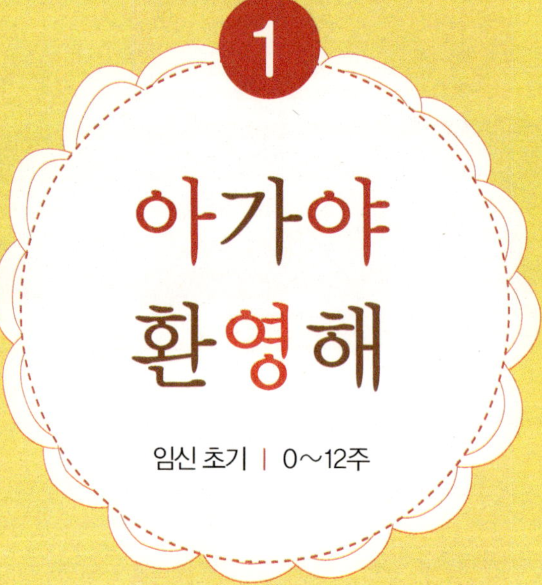

아가야 환영해

임신 초기 | 0~12주

아가야,

엄마 아빠는 두 손을 맞잡고

280일 동안 너를 손꼽아 기다리며

총총히 맑은 눈, 고사리 같은 손

눈부시도록 예쁜 너의 모습을 꿈속에서 만난단다.

우리 아가, 어떤 모습이든 최고일 거야. 그렇지?

초기 태교법
준비된 엄마 아빠에게서
건강한 아기가 태어난다
It's a
Boy
Love Me

임신 초기에 가장 중요한 것은 자궁 내 환경과 임신부 스스로가 긍정적인 이미지메이킹(image-making)을 하는 것입니다. 임신부들이라면 누구나 두려움을 갖습니다. 자고 깨면 몸의 여기저기서 변화가 일어나고 아직 한 번도 가 보지 않은 낯선 길이 기다리고 있기 때문이지요. 그러나 두려워할 필요가 없습니다. 낯선 곳도 지도가 있으면 길을 잃지 않고 목적지를 찾아갈 수 있듯이 이 책에서 선배 엄마들이 경험한 지름길을 안내해 줄 테니까요.

이미지메이킹은 임신과 출산에 대한 정체성을 찾아가는 작업이라고 할 수 있습니다. '임신은 축복이다, 출산은 기쁨이다, 나는 순산할 수 있다, 나는 준비된 당당한 엄마 아빠다.'라는 자기 정의를 갖는 것입니다. 준비된 엄마는 건강하고 슬기로운 아이를 출산할 수 있답니다. 엄마가 행복한 생각을 하면 태아도 행복하니까요. 이미지메이킹을 시작하면 행복한 임신 생활의 첫 단추를 잘 끼운 것이지요.

태명을 짓고 그 이름을 부르며 나와 아기의 정체성을 찾아 주세요. 어느 부부가 자신들의 눈이 너무 작아서 태어날 아기에 대한 걱정이 이만저만이 아니었습니다. 하지만 태명을 '왕눈이'라고 부르기 시작하면서 걱정이 눈녹듯 사라지고, 출산 뒤에 만나 보니 정말 크고 예쁜 눈을 가진 아기가 태어났습니다.

'인간의 지능은 유전적 요소보다는 자궁 내 환경이 더욱 중요하다.'는 것은 이미 과학적으로 증명된 사실입니다. 임신 초기에는 격한 운동을 피해야 하지만 체조와 마사지는 건강과 예쁜 몸매를 유지하는 비결입니다. 점점 아름다워지는 D라인의 배를 시계 방향으로 부드럽게 쓰다듬으면서 태명을 부르고, 사랑을 고백하고, 노래를 부르며, 대화를 하는 것은 아기에게 가장 좋은 선물이랍니다. 배를 부드럽게 쓰다듬다가 손끝으로 가볍게 '톡톡톡' 두드리면 양수에 파동이 일어나서 뇌 발달과 성장 세포 수를 증가시킵니다. 훗날 태어날 아기에게 총명한 머리와 좋은 피부를 기대한다면 오늘부터 실천하기 바랍니다.

복식 호흡을 통해 산소를 충분히 들이쉬고 균형 잡힌 식사를 하고 마음의 안정을 유지하세요. 그러면 출산을 준비하는 엄마와 태어날 아기에게 가장 좋은 환경이 만들어질 것입니다.

음악 태교

좋은 음악은 뱃속 아기도
춤추게 한다

'좋은 음악은 뇌의 활동을 활발하게 하고 호르몬을 조절하며 불쾌감을 없애 준다. 또한 심장 박동, 혈압, 체온에도 긍정적인 영향을 미치며 근육의 긴장을 풀어 주고 신체의 움직임과 조절 능력을 높여 준다. 그리고 마음에 안정감을 주고 행복을 키울 수 있다.' 이것은 음악이 사람에게 주는 영향력을 연구한 논문들의 공통적인 내용입니다.

태아 때 이미 70퍼센트의 뇌세포가 완성되는데, 뇌 발달 에너지의 90퍼센트가 청각을 거쳐서 이루어진다고 합니다. 그러니 태아에게 음악은 매우 중요한 의미를 담고 있습니다. 음악은 태아에게 잠재적인 영향력을 통해 두뇌 인지력과 감성 발달에 도움을 주고, 음악의 리듬을 통해 스스로 신체를 움직이는 운동 능력을 키워 줍니다. 다양한 악기의 연주음으로 자극을 주면 우뇌와 좌뇌를 골고루 발달시켜서 왕성한 뇌로 만들 수 있습니다. 태아도 아름다운 음악을 들으며 행복을 느낄 수 있습니다. 태아에게 음악은 엄마의 목소리 다음으로 듣기 좋은 소리일 테니까요.

태교 음악은 임신부에게 정신적, 신체적으로 편안함을 줄 수 있어야 합니다. 사람에게 있는 네 가지 뇌파 가운데 알파파는 편안하고 심신이 안정된 상태를 유지하는 데 도움을 줄 뿐 아니라 학습 능력을 높여 주고 활발한 두뇌 활동을 일으킵니다. 알파파는 기분이 좋거나 편안할 때 나오는데 알파파의 분비를 잘 일으킬 만한 음악을 선택해서 들어야 합니다. 록(Rock)음악처럼 시끄럽거나 갑자기 터지듯이 나오는 강한 음악 또는 너무 빠른 박자가 지속적으로 나오는 음악, 관현악 곡처럼 매 장마다 변화가 심한 음악, 너무 슬프거나 우울한 음악 등은 자신이 좋아하는 곡이라고 해도 태아가 받는 영향을 생각해서 주의하는 것이 좋습니다.

태교는 부부가 함께할 때 가장 효과적입니다. 태교를 위한 음악 감상 역시 부부가 함께한다면 태아는 물론 부부 사이에도 애정과 행복이 커질 것입니다. 요즘 들어 자주 열리고 있는 태교 음악회에 부부가 함께 찾아가서 생생한 연주를 보고 듣는 것도 매우 좋습니다. 오랜 시간 앉아 있는 것이 불편하지 않도록 편안한 자세로 감상하세요. 특별히 남편이 임신한 아내를 배려하고 태중의 아기를 축복해 주는 자세를 취한다면 더욱 좋겠지요.

태교의 효과를 높이기 위한 음악 감상법에는 두 가지가 있는데, 첫째는 음악 소리에 집중하기보다는 음악이 흐르는 환경을 만들고, 생활 속에서 들리는 음악을 감상하는 일상적인 방법이 있습니다. 그리고 둘째는 의도적인 방법으로 이떤 주제나 특정한 곡과 시간을 선정하여 그 음악을 감상하는 방법입니다. 이때 음악 자체에만 너무 집중해 긴장감을 갖지 않도록 주의합니다. 음악을 감상할 때는 편안한 자세로 벽에 기대어 앉거나 소파에 앉는 것이 좋습니다. 음량은 70데시벨 정도로 너무 크거나 작지 않게 하고, 소리가 반사되지 않도록 커튼을 치거나 바닥에 양탄자를 깔아 편안하고 아늑한 분위기를 만들면 좋습니다. ☺

이렇게 해 보세요!

1. 본 책에 들어 있는 음악 태교 가이드 음반을 활용해 보세요. 특히 우리말 동요는 따라 부르며 율동을 할 수 있도록 구성했습니다. 음악 태교로 뱃속 아기와 함께 즐거운 시간을 가져 보세요.
2. 어떤 음악을 들어야 할지 망설여진다면, 각 장에 실린 '태아가 좋아하는 클래식'을 참고하면 도움이 될 거예요.

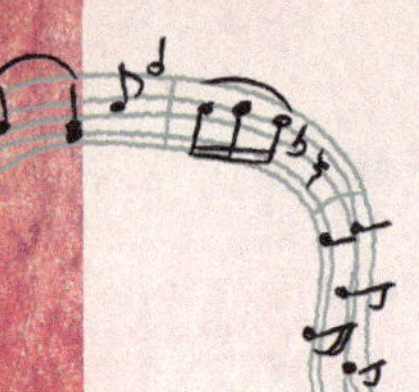

태아가 좋아하는 클래식

태교 음악이라고 하면 으레 클래식을 떠올립니다. 하지만 요즘은 '임신부 자신이 편해야 좋은 태교다.'라는 이론이 힘을 얻으면서 여러 장르의 태교 음악이 유행하고 있습니다. 이는 음악뿐만 아니라 태교 전반에 걸쳐 일어나는 현상인데 긍정적인 면도 있지만 부정적인 영향도 적지 않습니다. 임신부가 좋아하는 음악, 임신부 자신의 마음이 편안해지는 음악이 제일 좋다고 말하지만, 자신이 선택한 음악이 아기에게 어떤 영향을 끼치는지에 대해서 구체적인 지식이 없는 엄마들이 많습니다. 그래서 막연히 이런 이론들이 옳다고 믿고 취향대로 아무 음악이나 선택하는 것입니다.

이 책에서는 각 장마다 '태아가 좋아하는 클래식'을 통해 임신 초기, 중기, 후기별로 태아의 성장과 태아의 기호를 배려한 클래식 음악을 소개하고 있습니다. 추천 음악을 통해 태담을 나누며 어떤 음악을 들을 때 태동이 느껴지는지를 확인한다면 아기와의 교감을 음악 안에서 키워 갈 수 있을 것입니다.

이때는 태아의 청각이 완성되지 않은 시기이므로 임신부가 좋아하는 곡들 위주로 음악을 듣는 것도 괜찮습니다. 하지만 곡을 고를 때 심장의 박동이 아기에게 전해지는 것을 생각하여 지나치게 흥분되거나 자극적인 음악은 피하는 것이 좋습니다. 이 시기는 태아의 모든 기관이 생성되는 시기이며, 임신 초기에만 특별히 느낄 수 있는 부끄러움, 자랑스러움, 기대 등의 핑크빛 행복감을 맛보기도 합니다. 그러니 엄마가 한껏 행복을 느낄 수 있도록 포근하고 밝은 곡을 선택하면 더욱 편하게 음악을 감상할 수 있습니다. 피아노곡은 우리의 귀에 익숙하기도 하며 실제로 마음을 진정시키는 효과가 있습니다. 아래 추천 음악 가운데 음악 태교 가이드 음반에 〈보케리니 미뉴에트〉와 〈쇼팽 녹턴 2번〉이 실려 있으니 곡의 특성을 생각하며 편안하게 감상해 보세요.

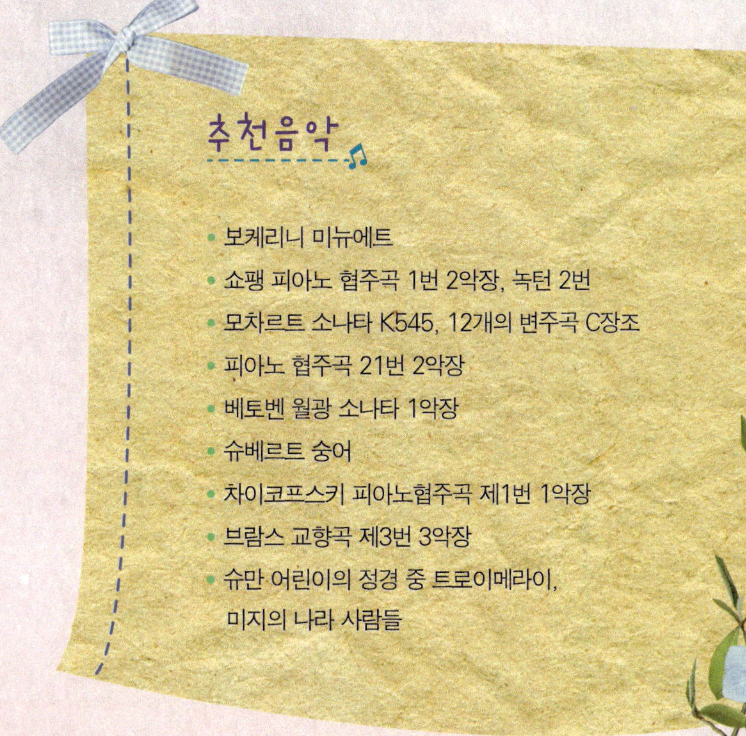

너는 엄마 아빠의 가장
소중한 보물이란다

엔도르핀은 중환자를 수술할 때 사용하는 모르핀보다 200배의 치료 능력이 있다고 알려져 있습니다. 최근에는 모르핀의 4,000배가 넘는 다이도르핀이라는 호르몬이 발견되기도 했지요. 엔도르핀은 기쁘고 즐거울 때, 다이도르핀은 감사나 감동을 느낄 때 만들어집니다. 엔도르핀과 다이도르핀은 뇌에서 자연적으로 만들어지는 가장 좋은 선물입니다.

그러나 마음과 입술에 불평과 염려, 근심과 두려움이 있으면 뇌에서 아드레날린이 나와 모든 병의 원인이 된답니다. 얼굴이란 순수한 우리말로 '얼'은 '마음과 영혼', '굴'은 '통로'라는 뜻입니다. 즉, 얼굴이란 몸 안에 영혼을 찾아가는 통로인 셈이지요. 즐거운 마음에서 얼굴로 나타나는 웃음이야말로 어떤 음식이나 명약보다 좋겠지요?

그러면 어떻게 해야 엄마 아빠가 웃을 수 있고 뱃속 아기한테까지 그 웃음이 전해질까요?

부부의 사랑은 이해와 밀접한 관계가 있습니다. 사랑하기 위해서는 먼저 서로가 이해하기를 원해야 합니다. 이해하려면 표현해야 합니다. 임신부는 호르몬의 균형이 깨진 상태라 정서가 긴장되어 있습니다. 임신부는 이런 마음의 상태를 남편에게 말로 알려주어야 합니다.

임신 기간에 아빠의 가장 중요한 역할은 대화의 상대가 되어 주는 것입니다. 아내의 불안정한 마음을 대화로 다독여 주고 태아에게는 성경이나 동화책을 읽어 주며 하루의 삶을 가족들과 나누세요. 엄마의 말보다 아빠의 굵고 낮은 목소리를 들을 때, 태아를 감싸고 있는 양수의 파동이 아름답게 춤을 춘답니다. 태아는 아침, 저녁으로 아빠와의 대화를 기다리고 있다는 걸 잊지 마세요.

웃음 태교는 부부와 태아의 대화 속에서 자연스럽게 만들어 내는 창조적 연출입니다. 사람은 누구나 자신의 말을 들어 줄 상대가 필요합니다. 누군가에게 자신의 삶이 받아들여지고 이해된다고 느낄 때에 저절로 웃음이 나오고, 체내에서는 건강한 성장 세포가 만들어집니다. 아기는 하루에 200번 이상을 웃는데 이때 성장 세포가 활발하게 생깁니다. 하지만 나이가 들수록 노화 속도가 빨라지는데 어른은 웃음 대신 20번 이상의 불평과 불만을 내뱉기 때문이랍니다. 아빠와 엄마, 아기가 함께 웃기 위해서는 서로를 세워 주어야 합니다.

우리 연구소에서 3,000쌍이 넘는 부부들과 부부 태교를 하면서 검증된 사실이 하나 있습니다. 아내가 남편으로부터 가장 듣고 싶어 하는 말은 "당신만을 사랑해."라는 고백이고 남편이 가장 듣고 싶어 하는 말은 "당신이 세상에서 최고야!"랍니다. 그러면 태아가 가장 듣고 싶어 하는 말은 무엇일까요?

바로 "너는 엄마 아빠의 가장 소중한 보물이야!"입니다.

사랑받을 때 우리 눈과 입가에는 웃음이 번집니다. 그래서 웃음 태교는 곧 사랑 태교이기도 하지요. 엄마가 아빠의 사랑을 받고 웃을 때, 태아가 살고 있는 자궁 내 환경은 불순물이 자연스럽게 빠져나가고 건강한 생명을 기를 수 있는 꿈의 궁전으로 바뀝니다. 또 뇌에서 알파파가 나와서 안정감과 행복감을 늘리며 소화를 촉진시키고 감기 바이러스도 물러가게 합니다. 혈액 순환이 잘되면 기분도 좋아지고 스트레스와 임신 우울증을 날려 보낼 수 있습니다. 얼굴과 마음이 예쁜 아기는 아빠 엄마의 웃음 태교로 만들어집니다.

Key Point

이렇게 해 보세요!

1. 두 사람이 함께하는 '아빠 웃음 태교 방법'을 소개할게요.
   엄마와 아빠가 편안한 자세로 따라 해 보세요.

   아빠 준비 자세
   ① 입꼬리를 최대한 귀밑으로 끌어 올려 환한 표정으로 지그시 아내의 배를 쳐다보세요.
   ② 두 손을 배 위에 올려놓고 시계 방향으로 집어 주면서 "아가야, 사랑해." 또는 "엄마를 도와 한 방에 순풍 나오너라." 이야기하며 마사지를 하세요.

2. 엄마는 '아 에 이 오 우'와 '하 헤 히 호 후'를 정확히 발음하며 반복하세요. 이때 뇌 신경과 얼굴 근육이 자극받는 것을 느낄 거예요. 얼굴 운동은 양수의 파동을 일으켜 뇌 발달과 좋은 피부를 만들어 줍니다.

피부 태교

임신 10주가 지나면 대부분의 태아는 손가락을 빨기 시작합니다. 이것은 태아가 엄마의 자극에 반응하여 손가락을 빠는 활동으로 자신의 피부를 자극하는 것입니다. 태아가 손가락을 물고 늘어지는 힘이 생겼을 뿐 아니라 태아의 입에 피부 감각이 생겼다는 증거이기도 합니다.

피부 태교가 중요한 이유는 피부 자극이 곧 두뇌 자극으로 이어져 뇌의 활성을 돕기 때문입니다. 태아는 세상에 나오기 전까지 손가락을 빠는 행동을 반복하는데 이것은 정서적인 안정과 지능 발달에 좋은 영향을 줍니다. 그밖에도 태아는 양수를 먹고 내뱉는 운동과 엄마 배를 발로 차면서 몸 전체로 자극을 전달하기도 합니다. 그래서 모든 태아는 임신 초기에 피부의 감각을 느끼기 시작하여 임신 10주가 지나면 어론과 동일한 느낌을 갖게 됩니다.

임신 23주가 되면 인종에 상관없이 태아는 붉고 쪼글쪼글한 피부가 됩니다. 태어날 때는 붉은색이나 분홍색의 피부로 보이는데 이것은 태아의 피부가 투명하여 혈관이 비치기 때문입니다. 그만큼 태아의 피부 관리는 태아의 혈액 순환과 직결되어 있습니다. 엄마가 피부 태교로 건강한 환경을 만들어 주면 아토피의 주원인으로 알려진 태중열독(태열) 및 노폐물과 독소를 없앨 수 있습니다.

피부 태교는 영양소 섭취가 가장 중요합니다. 각종 미네랄과 비타민 C가 많이 함유된 과일과 채소, 우유는 필수적이며 그 가운데 아침 사과는 단백질과 지방이 비교적 적고 비타민 C와 나트륨, 칼슘 등의 무기질이 풍부하여 피부의 보약으로 알려져 있습니다. 채소가 산모와 태아에게 좋은 영향을 주는 이유는 수분 막을 유지시켜 피부가 건조해지는 것을 예방하기 때문입니다.

커피나 조미료가 첨가된 즉석식품은 태아의 피부 조직을 거칠게 만들 수 있으니 되도록 멀리하고 피부 재생 능력을 떨어뜨리는 술과 담배도 금해야 합니다. 아토피 예방은 임신 전부터 준비해야 효과가 좋습니다. 유산균이 풍부한 김치를 꾸준히 섭취하는 것이 도움이 됩니다. 피부 태교는 태아뿐만 아니라 산모의 자궁 내 환경을 가장 알맞은 상태로 유지시키는 데 큰 도움이 되며 살이 트는 것을 예방할 수 있습니다.

엄마와 태아의 피부는 하나입니다. 피부 태교는 태에서 나오기 전부터 태아의 지능, 호르몬, 내분비샘, 면역 체계 등 전반적인 성장에 영향을 줍니다. 따라서 주기별로 알맞은 복부, 태아 마사지를 통해서 피부 자극을 주는 것이 중요합니다. 엄마가 복부를 부드럽게 마사지해 주면 태아는 똑똑한 두뇌가 완성될 뿐 아니라 유대감과 안정감을 느낄 수 있습니다.

유아 교육학자들은 '피부는 제2의 뇌'라고 부릅니다. 아빠가 엄마의 배를 부드럽게 쓰다듬으며 사랑을 표현한다면 최고의 효과를 기대할 수 있습니다. 가족 전체가 엄마를 격려하고 사랑해 줄 때 태아도 행복을 느끼며 함께 웃을 것입니다.

이렇게 해 보세요!

1. 매일 아침마다 규칙적으로 사과와 우유를 먹어요.

2. 남편은 잠자리에 들기 전 아내의 배를 부드럽게 쓰다듬으며 사랑을 표현해 주세요.

음식 태교

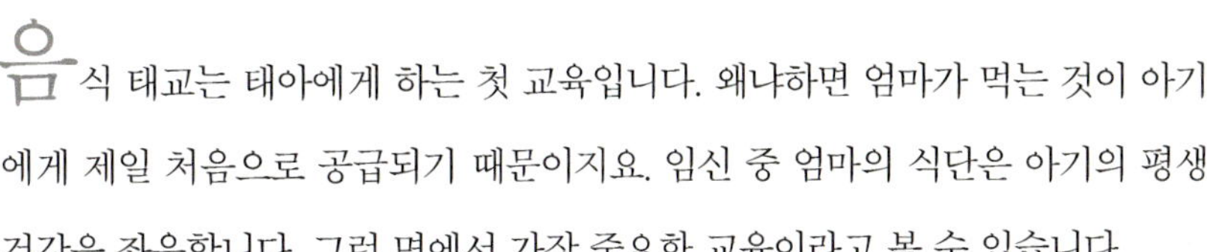

음식 태교는 태아에게 하는 첫 교육입니다. 왜냐하면 엄마가 먹는 것이 아기에게 제일 처음으로 공급되기 때문이지요. 임신 중 엄마의 식단은 아기의 평생 건강을 좌우합니다. 그런 면에서 가장 중요한 교육이라고 볼 수 있습니다.

'음식으로 고치지 못하는 병은 약으로도 고칠 수 없다.'는 말이 있습니다. 음식 태교로 아기와 엄마의 병을 예방하고 순산을 위한 준비를 하면 어떨까요?

임신부의 70~80퍼센트는 임신 초기 4~8주부터 입덧 증상이 나타나는데 이것은 12~13주 무렵에 가장 심하고 16주가 지나면 대부분 가라앉지만 20주 이후까지 지속되는 경우도 있습니다. 입덧은 프로락틴 같은 태반 호르몬이 태아에게 우선권을 주기 때문에 임신부의 상태에 영향을 주는 것으로, 태아가 건강하다는 신호입니다. 입덧을 예방하려면 임신 초기에 유자차, 생강차, 보리차, 신선한 야채류, 사과, 감귤, 자두, 포도 등을 먹어 입맛을 잃지 않는 것이 중요합니다.

임신부의 영양 상태는 태아의 두뇌 세포 발달에 큰 영향을 미칩니다. 이 시기에 영양이 부족하면 정상보다 세포 수가 줄어들고 뇌의 구조에 수초 형성(뇌 세포인 뉴런의 성장 발달 단계 중 하나로 뉴런의 신속한 신경 전달을 가능케 함)이 덜 일어나서 나중에 영양 공급을 충분히 해 주더라도 회복이 어렵습니다. 그러므로 태아의 두뇌를 만드는 데 필수적인 영양소인 단백질과 두뇌 발달에 도움을 주는 DHA가 많이 함유되어 있는 등푸른 생선과 견과류를 꾸준히 먹는 것이 좋습니다. 또한 뇌세포 분열 단계에서 도움을 주는 불포화 지방산은 체내에서 저절로 생기지 않기 때문에 음식으로 섭취해야 합니다.

임신 초기에는 입덧 때문에 먹는 양은 줄지만 태아의 기본 골격과 초기 근육이 형성되는 시기이므로 단백질과 칼슘을 충분히 섭취해야 합니다. 조금 먹더라도 양질의 음식을 골라 먹어야 하는데 양질의 단백질로는 간, 달걀, 우유, 생선, 쇠고기 등이 포함된 동물성 단백질이 있습니다. 콩은 동물성 단백질 못지않은 양질의 단백질이 함유되어 있어 장기 형성에 도움을 주므로 밥과 함께 섞어 먹으면 좋습니다.

임신 중기가 되면 입덧이 멈추고 식욕이 살아납니다. 태아의 골격과 뼈가 형성되는 시기이므로 고단백질과 칼슘이 꼭 필요합니다. 태아의 콩팥과 위장 발달을 돕기 위해 좁쌀을 넣은 밥을 먹는 것도 좋습니다. 단백질과 칼슘이 함유된 음식에는 우유, 치즈, 멸치볶음, 참깨, 다시마, 뱅어포, 양배추, 브로콜리, 살코기, 등푸른 생선, 콩, 계란 등이 있습니다. 그리고 중기부터는 태아가 철분을 흡수해 혈액을 만들기 시작하므로 철분 섭취량을 늘리고 칼로리가 높은 음식보다는 영양이 뛰어난 음식을 선택하면 체중 조절에 성공할 수 있습니다. 철분이 부족하면 빈혈을 일으킬 수 있으니 철분 함량이 높은 동물의 간, 장어, 정어리, 고등어 등의 생선과 대합, 바지락, 굴 등 조개류, 녹황색 채소, 미역, 다시마 등을 먹어야 합니다.

임신 후기는 두뇌 발달의 가장 중요한 마무리 단계입니다. 이때 단백질의 아미노산과

두뇌 발달에 좋은 음식

등푸른 생선, 해산물, 참치, 고등어, 청어, 연어, 꽁치, 가다랑어, 송어, 오징어, 굴, 새우, 올리브 오일, 옥수수기름, 들기름, 콩기름, 현미, 호두, 잣, 아몬드, 땅콩, 참깨, 검은 깨, 미역, 김, 파래, 톳, 다시마, 대두, 검은콩, 두부, 두유, 현미, 밀, 콩가루 음식, 콩꿀, 현미, 조개류, 콩, 깨, 견과류, 곡류의 씨, 전복, 죽순

비타민 B2, C, E, K군이 든 음식을 충분히 섭취해야 합니다. 또 자궁이 커져 위를 밀어 올리기 때문에 위가 압박을 느껴 먹는 양이 줄어듭니다. 소화가 안 된다고 하여 음식의 양을 줄이거나 식사를 거르면 안 됩니다. 변비 증상이 나타나면 태반을 압박해 가스가 차고 혈액이 오염되어 태아에게 나쁜 환경이 생길 수 있습니다. 따라서 섬유질이 많이 함유된 셀러리, 양상추, 오이, 우엉, 연근, 고구마, 감자, 해조류, 표고버섯, 잡곡밥 등을 먹으면 좋습니다.

특히 몸이 붓거나 임신 중독증에 걸릴 위험이 높은 시기이므로 염분 섭취를 최대한 줄여야 합니다. 소금의 나트륨 성분은 몸속에 수분을 고이게 하여 부종, 당뇨병, 고혈압 등을 일으킬 수 있으니 되도록 담백하고 싱겁게 먹는 게 좋습니다. 체중이 일주일에 0.5킬로그램 이상 늘면 임신 중독증의 가능성이 있으므로 식단을 조절해야 합니다.

엄마라면 누구나 튼튼한 아기를 낳고 싶어 합니다. 건강한 아기를 낳으려

면 균형 잡힌 식사는 기본이고 정결하고 깨끗한 음식을 먹되 즐겁고 감사한 마음으로 식탁에 앉아야 하지요. 유대인들은 질병 발생률이 가장 낮고 건강한 민족으로 손꼽힙니다. 유대인들은 식탁에서 보통 3~4대가 함께 모여 식사를 하는데, 식사 시간을 축제로 생각한다고 합니다. 아버지는 직접 자녀 교육의 모델이 되어 식탁 예절을 철저히 가르치고 식사를 마치고도 온가족이 둘러앉아 2시간 정도 대화를 이어 갑니다.

음식 태교는 식탁에서 시작됩니다. 아이들은 부모의 식습관을 그대로 물려받는 경우가 많습니다. 이제 남편과 함께 균형 잡힌 식사를 차리고 대화를 통해 행복한 식탁 문화를 만들어 가 보면 어떨까요?

Key Point

이렇게 해 보세요!

1. 일주일 단위로 식단표를 작성해 보세요.

2. 탄수화물, 지방, 단백질, 비타민, 무기질 등 5대 영양소를 고루 섭취할 수 있도록 식단을 만드세요.

3. 조리 시간이 길지 않고 간편하게 만들 수 있는 요리를 선택해야 부담이 없어요.

4. 처음에는 조금 번거롭게 느낄 수도 있지만 영양소를 생각한 식단표가 가족 건강을 지켜 줄 거예요.

입덧을 극복하기 위한 10가지 대처 방안

1. 입덧을 자극하는 특정 냄새나 음식은 피하고 신선한 공기를 자주 들이쉽니다.

2. 조금씩 자주 먹고 건강에 좋은 간식을 준비해서 공복 시간을 줄입니다.

3. 입덧 중 꼭 먹고 싶은 음식은 먹되 포만감이 느껴지는 수준까지 먹는 것은 피합니다.

4. 입덧 증상은 각기 다르지만 차고 상큼하고 신맛이 나는 음식이 입덧을 잠재웁니다.

5. 아침에 입덧이 심하다면 잠들기 전이나 일어나는 즉시 고단백 스낵, 크래커, 차 등을 먹으면 도움이 됩니다.

6. 구토가 잦으면 탈수 증상이 일어나므로 기호에 맞는 음료를 자주 마십니다.

7. 설탕, 조미료를 피하고 소금, 식초, 고추장 등이 살짝 들어간 담백한 음식을 선택합니다.

8. 지하철, 백화점, 영화관 등 사람이 많은 곳은 되도록 피하고 한가한 시간대를 이용합니다.

9. 입덧은 시간이 지나면 자연히 없어지는 현상이니 마음의 여유를 갖도록 합니다.

10. 만약 물도 먹지 못할 정도로 구역질이나 구토가 심할 때는 산부인과 주치의에게 상의합니다.

부부 태교

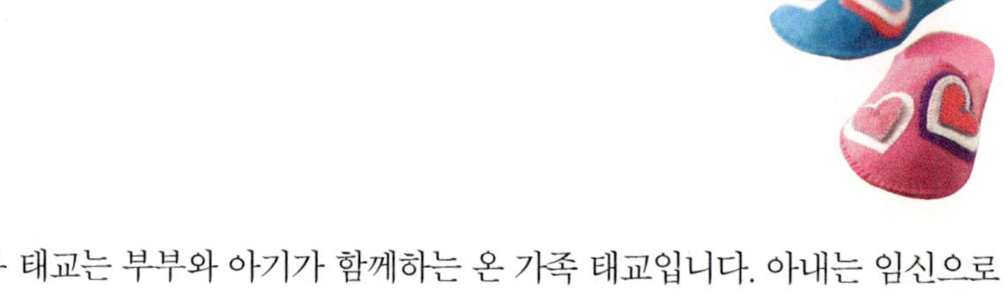

서로를 발견하고 이해하고
나누는 축제의 장

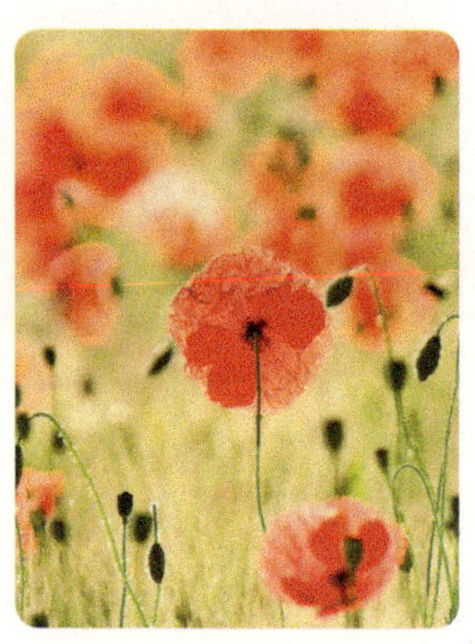

부부 태교는 부부와 아기가 함께하는 온 가족 태교입니다. 아내는 임신으로 예상치 못한 여러 가지 몸의 변화를 겪고 있습니다. 임신을 하면 생명을 품었다는 신비감과 설렘도 있지만 난생 처음 경험하는 일들로 외롭고 힘이 듭니다. 이것은 남편도 마찬가지입니다. 남편은 아내가 임신하면서 새로운 인생을 경험하고 있습니다. 아내의 몸과 마음은 지금껏 보지 못한 전혀 새로운 모습이니까요.

부부 태교는 서로의 변화를 이해하며 나누는 것에서 출발합니다. 부부가 마음을 모으면 힘들고 어려운 임신 기간을 축제의 장으로 만들 수 있습니다. 부부 태교의 시작을 프러포즈처럼 로맨틱하게 준비해 보면 어떨까요? 남편이 아내에 대한 사랑을 표현하고 아내의 수고를 격려하는 의미로 준비한 장미를 바칩니다. 아내는 장미꽃 한 송이에 지금까지 지내 온 모든 어려움들을 사랑으로 승화시킬 수 있을 것입니다.

태담 전화기를 만들어 대화를 시작하는 것도 좋습니다. 태담 전화기로 태아에게 사랑의 말을 전하다 보면 아내는 생명을 품은 소중한 존재임을 깨닫게 되고 남편은 자신 속에 숨겨진 아버지의 정체성을 찾게 됩니다. 다양한 태교법이 있지만 부부 태교만큼 감동적인 방법은 없습니다. 실제로 부부 태교 교실에 참가한 대부분의 아빠와 엄마가 큰 감동을 받는 걸 확인할 수 있으니까요. 엄마와 아빠는 하나가 되어 서로를 가슴에 품고 마음의 순산을 경험하는 것이지요.

부부 태교가 부부들의 현장 프로그램으로 사랑받는 이유 가운데 또 한 가지는 출산 현장을 미리 체험해 보기 때문입니다. 부부 태교 시간에는 출산 직전에 아내의 자궁 경부가 10센티미터 열리는 상황을 가상으로 연출합니다. 아내와 남편은 분만실에서 행할 스킨십과 '뽀뽀뽀 쪽'을 배웁니다. 아이를 낳는 고통으로 아내의 신음이 온 방 안을 가득 채울 때, 남편은 따스한 손길로 아내의 몸을 어루만지며 볼에 '뽀뽀뽀'를 하다가 마지막으로 '쪽' 입맞춤을 해 줍니다. 그러면 진통이 서서히 줄어듭니다. 남편의 사랑과 응원을 받은 아내는 2초 동안 숨쉬고 10초 동안 힘을 줍니다.

이것은 3,000쌍이나 되는 부부 태교에서 검증된 힘주기 호흡법입니다. 드디어 사랑하고 보고 싶은 아기가 나오기 시작합니다. 이때 아빠는 소독된 가위로 생명의 탯줄을 잘라 냅니다. 그리고 "나는 이제 아버지로서 가정을 더 섬기고 세워 가겠다!"라고 외칩니다. 마지막으로 부부가 함께 신성한 구호를 외칩니다. "나는 순산할 수 있다! 모유 수유에 성공할 수 있다!"

이것이 남편과 함께하는 행복한 부부 태교의 교육 현장입니다. 부부 태교를 수료한 모든 아빠와 엄마는 임신과 출산이 여성만의 몫이 아니라 남편과 태아가 함께하는 기쁨의 순간임을 깨닫게 됩니다. 그리고 아내는 남편과 함께한다고 생각하니 더 이상 출산이 두렵지 않습니다. ☺

이렇게 해 보세요!

집에서 하는 부부 태교

1. 사랑하는 아내의 손을 잡고 잠자리에 듭니다.

2. 먼저 눈을 뜨는 사람이 사랑한다고 고백합니다.

3. 남편이 3.6.9day에 장미꽃 한 송이를 준비해서 선물합니다.

4. '나는 순산할 수 있다!'는 구호를 아침마다 아내와 함께 외칩니다.

아가야, 환영해

:: 이은영

어느 날, 깊은 잠 속에서 나를 깨우는

'콩닥쿵닥, 콩닥쿵닥' 소리가 들려왔어요.

하지만 캄캄한 이곳에서는 아무것도 보이지 않았어요.

마치 밤하늘의 별님들이 궁전을 만드는 소리 같아요.

사이좋은 메아리처럼 내가 '콩닥' 하면

어디선가 '쿵닥' 하고 인사해 주었어요.

하루하루가 지날수록, 우리의 인사는 노래처럼 아름다워졌어요.

나를 환영해 주는 인사는 누구의 것일까요?

물방울을 타고 속삭이는 다정한 소리

"사랑하는 우리 아가야! 널 얼마나 기다렸는지 몰라.

아가야, 엄마 품에 온 걸 환영해. 그리고 너를 축복해."

태담 동시

환영

:: 신현태

하늘이 내린 최고의 선물 아가야

엄마 아빠는 그날을 기다리며

총총히 밤낮으로 고운 손 모아

하늘을 향해 기도하며

짝짝짝 손뼉 치며

그리고 좋은 날, 널 보고 싶어 손꼽잖니

태담 동시

모유 LOVE

:: 신현태

아가야 아가야 엄마 젖 먹으렴

아가야 아가야 엄마 사랑 먹으렴

아가야 아가야 이쁜 아가야

총총 맑고 고운 꿈을 꾸는 아가야

엄마 아빠 사랑 담아 곱게 피어나는

꽃처럼 별처럼 꿈처럼 자라는 아가

38 ♥ 39

태담 동시

건강 

:: 신현태

예쁜 공주님일까? 멋진 왕자님일까?

총총한 눈망울, 오똑한 코, 고사리 같은 손

으싸으싸 자라나서 세상을 주름잡을 너는

나의 공주님! 나의 왕자님!

예쁜 공주님일까? 멋진 왕자님일까?

세상에서 제일로 튼튼하고 멋진 우리 아가

무럭무럭 자라나서 건강해야지

온 세상 주름잡는 인물이 되어야지

Food Control
Morning   Lunch   Evening
Yesterday
Today
Tomorrow
Milk

곰 세 마리

🎧 track 01

율동

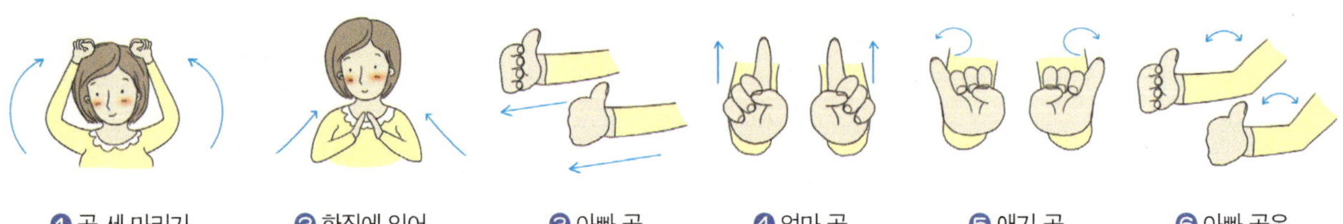

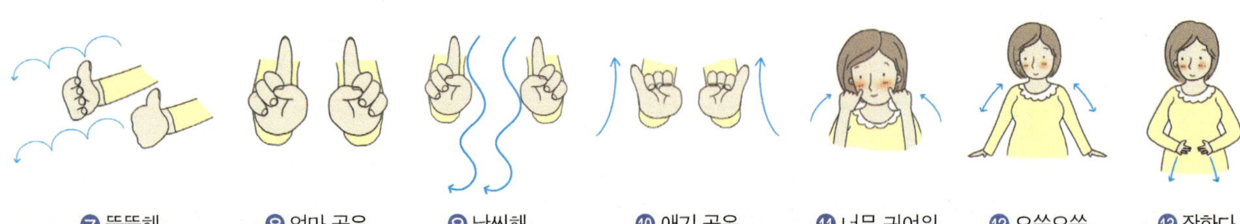

Twinkle Twinkle Little Star

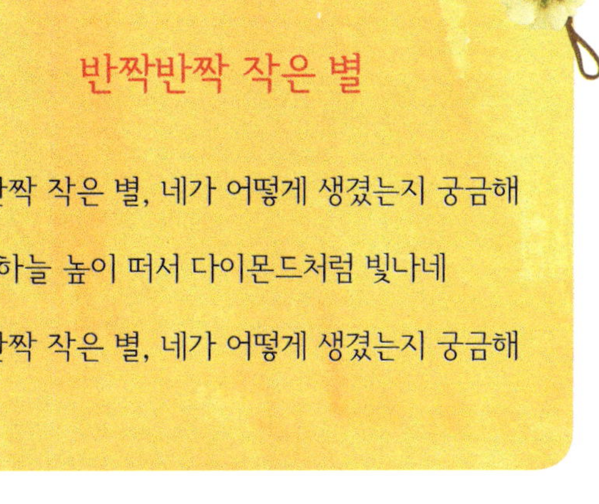

반짝반짝 작은 별

반짝반짝 작은 별, 네가 어떻게 생겼는지 궁금해

하늘 높이 떠서 다이몬드처럼 빛나네

반짝반짝 작은 별, 네가 어떻게 생겼는지 궁금해

초기 순산 체조와 스트레칭

❷ 다리를 어깨너비로 벌리고 앉는다. 괄약
근과 질 근육을 배꼽을 향해 천천히 조여
올린 뒤 4초 동안 멈추고, 다시 천천히
풀어 준다. 같은 동작을 5회 반복한다.

❸ 양손을 가볍게 여러 번 털어 손목을
풀어 준다.

❹ 목을 한 바퀴씩 돌려 목 관절을 풀어 준다.

❺ 어깨 끝점과 귀가 맞닿는 느낌으로 어깨를 힘있게 올려서 5초 동안 정지하였다가 팔을 툭 내려놓기를 4회 반복한다.

❻ 한쪽 팔을 반대편 어깨 쪽으로 쭉 편다. 반대편 팔로 팔꿈치를 감싸서 당겨 준다. 곧게 뻗은 팔은 바깥으로 밀어 주고 고개는 반대쪽으로 돌린다. 방향을 바꾸어 2회 반복한다.

❼ 손을 깍지 껴서 가슴 앞으로 쭉 내밀고 고개를 숙여 배꼽을 바라본다. 같은 동작을 4회 반복한다.

❽ 손을 깍지 껴서 위로 쭉 올린 다음 양옆으로 몸을 늘이듯 기울인다. 같은 동작을 4회 반복한다.

❾ 주먹을 쥐고 팔을 양옆으로 벌렸다가 모으기를 4회 반복한다.

❿ 가슴 앞에서 깍지 끼고 팔꿈치 붙인 자세로 팔을 아래위로 올렸다가 내리기를 4회 반복한다.

⓫ 팔을 X자로 깍지를 끼고 가슴 쪽으로 끌어 당겨 앞으로 쭉 내민 다음 위로 올린다. 같은 동작을 4회 반복한다.

⓬ 한쪽 손을 바깥쪽으로 쭉 뻗는다. 반대편 손으로 손가락을 잡고 손등 쪽으로 당기기를 4회 반복한다.

⑬ 양손과 손목을 직각으로 만들어 손끝이 양옆 바깥을 향하여 1회, 안쪽을 향하여 1회 꺾는다. 같은 동작을 4회 반복한다.

⑮ 손바닥을 맞대고 밀면서 복근에 힘을 준다. 5초 동안 정지했다 풀기를 4회 반복한다.

⑭ 다리를 같은 방향으로 굽혀 앉은 다음 두 손을 머리 뒤로 깍지 껴서 올린 상태로 몸을 세운 뒤 반대 방향으로 상체를 틀어 준다. 같은 동작을 4회 반복한다.

⑯ 양손을 뒤로 깍지 껴서 꼬리뼈를 두드린다. 20회씩 4회 반복한다.

태아 마사지

★ 마사지를 하기 전 편안한 음악을 틀어 놓으면 더 효과적입니다.
★ 편안한 자세로 누워 태아 마사지를 시작합니다.

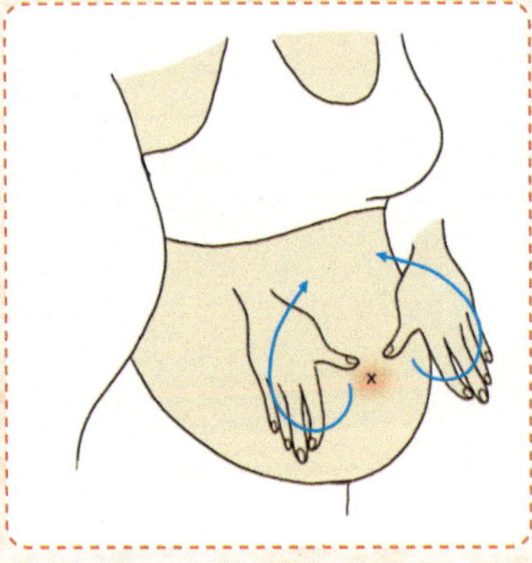

① 하트 그리기 : 아기 배를 바라보며 "아가야, 사랑해."
라고 말하며 배꼽을 중심으로 하트를 작게 그리기 시
작해 점점 크게 그린다.

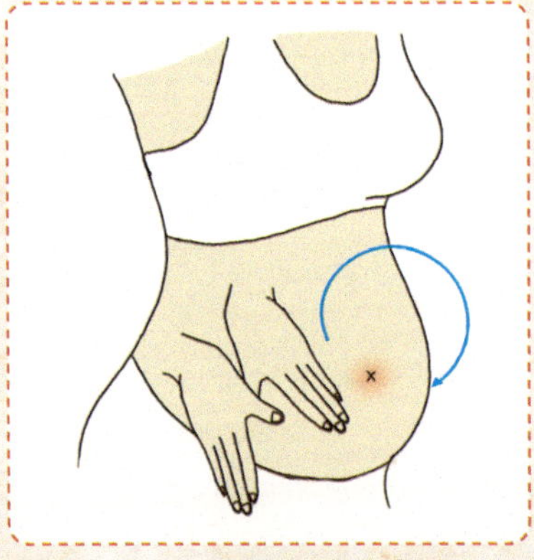

② 쓰다듬기 : 양손을 배에 올려 놓고 시계 방향으로
쓰다듬으며 원을 그려 준다. "아가야, 좋아해."라고 말
한다.

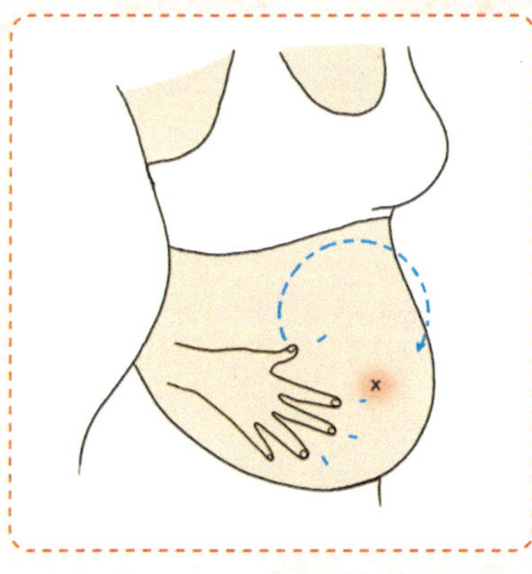

❸ 두드리기 : "아가야, 환영해."라고 말하며 손가락 끝으로 배를 시계 방향으로 두드려 준다.

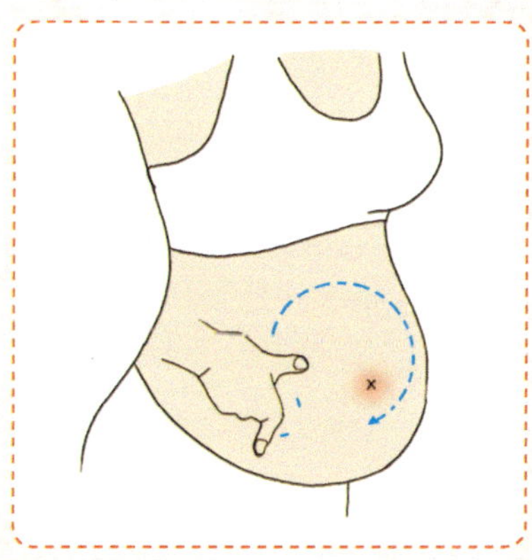

❹ 집기 : "아가야, 기뻐."라고 말하며 엄지손가락과 집게 손가락으로 배를 시계 방향으로 집으며 돌려 준다.

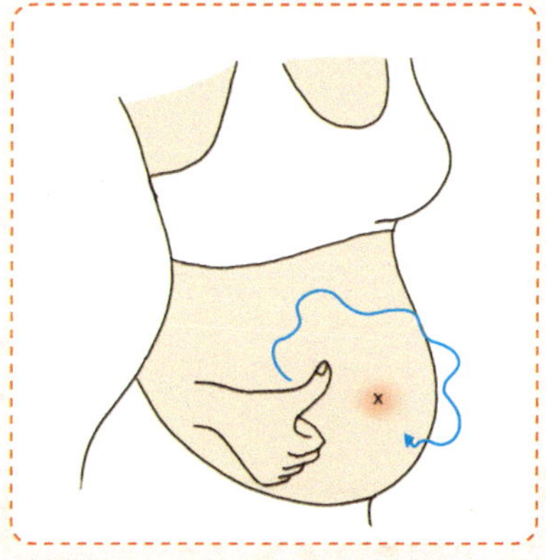

❺ 누르기 : "아가야, 너를 기억해."라고 말하며 손가락 끝으로 리듬을 주며 배를 시계 방향으로 눌러 준다.

❻ 아빠가 앞의 순서대로 반복해 주면 더욱 좋다.

우리 아기 손싸개 만들기

알아두기

무늬가 없는 원단은 안면과 겉면의 구분이 없으나 설명의 편의상 안면과 겉면으로 구분하였습니다. 무늬가 있는 원단은 무늬가 있는 면이 겉입니다.

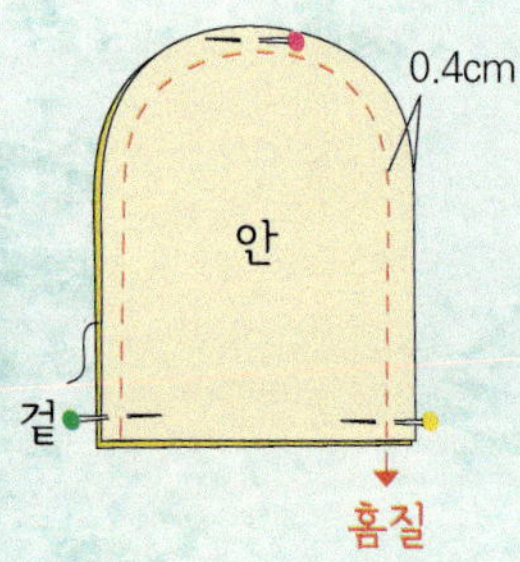

❶ 원단의 겉면끼리 마주 대어 겹쳐 놓은 다음 재단선의 0.4cm 안쪽으로 둘레를 홈질(—)해요. 같은 방법으로 2개를 만들어요.
바늘땀 길이 : 0.2~0.3cm

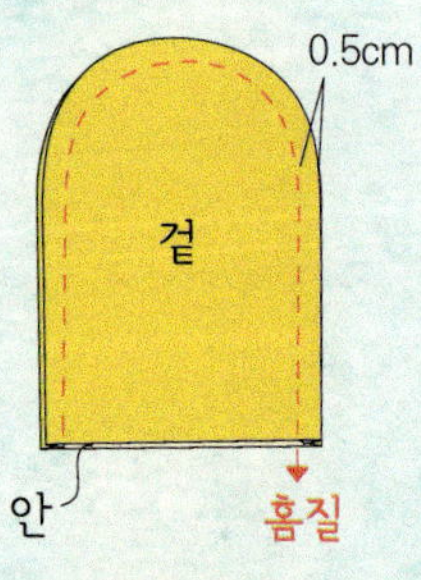

❷ 과정 ❶에서 홈질한 손 장갑을 뒤집어 장갑 둘레에서 0.5cm 안쪽으로 홈질(—)해요.
바늘땀 길이 : 0.3~0.4cm

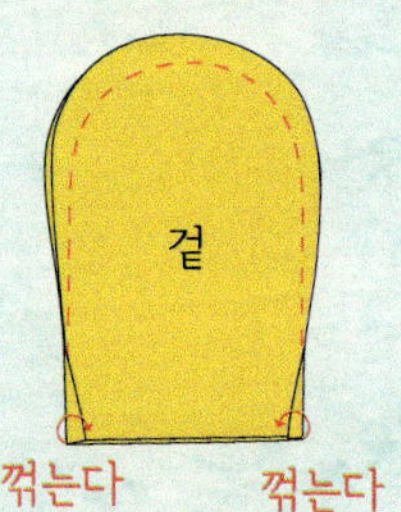

❸ 양쪽 시접을 앞쪽으로 꺾어요.

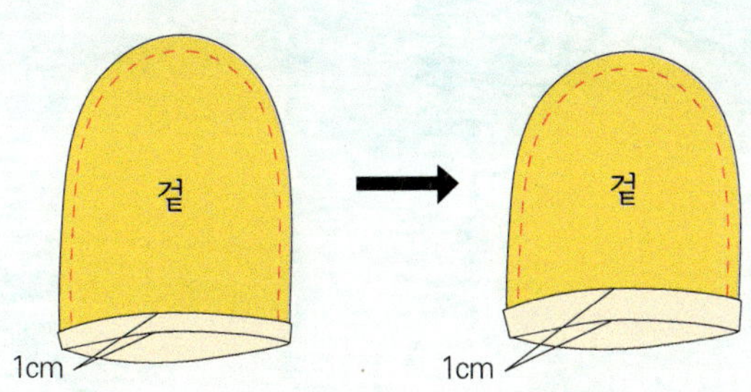

❹ 손목 둘레를 겉으로 1cm 접고 또 한 번 2cm 접어요.

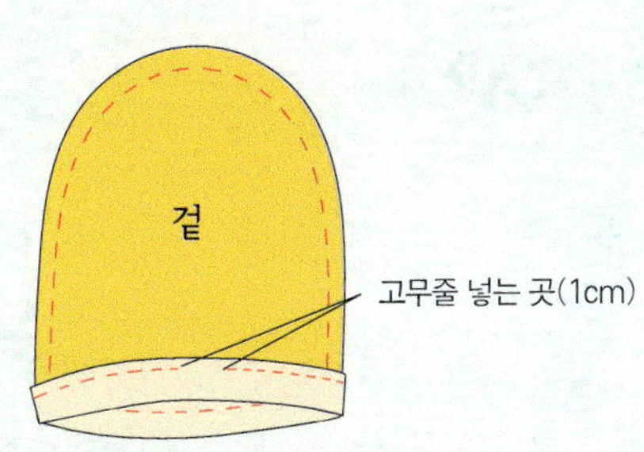

❺ 손목 둘레를 홈질해요. 고무줄 넣는 곳 1cm는 바느질하지 않아요.

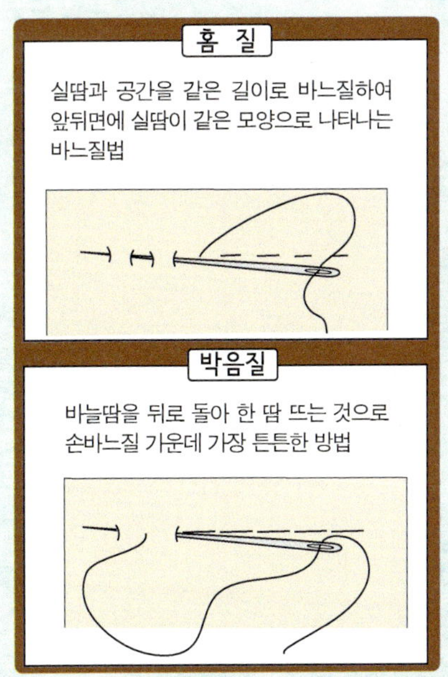

❻ 고무줄을 넣고 구멍은 홈질로 막아요.
　고무줄 넣는 법 : 14cm 길이로 자른 고무줄 한쪽 끝에 옷핀을 꽂
아 구멍에 넣고 손목 둘레로 옷핀을 밀면서 고무줄을 넣어요. 마지
막에 고무줄의 양끝을 겹쳐 놓고 박음질하여 연결해요.

※ 고무줄을 너무 조이면 보기에는 예뻐도 아기에게는 불편할 수 있으니 적당하
　게 조정하세요.

사랑의 하트 딸랑이 만들기

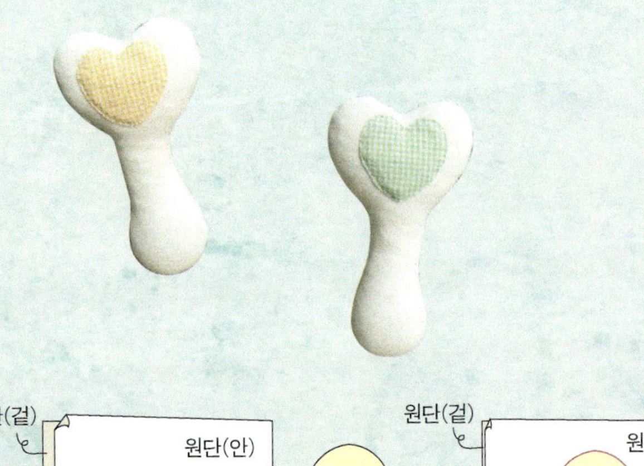

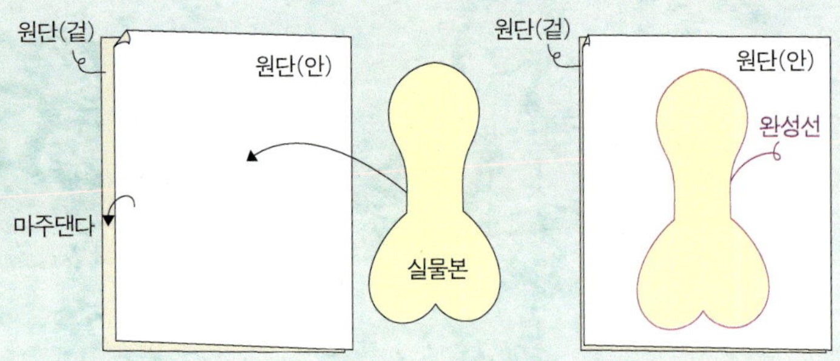

❶ 두 장의 원단을 겉과 겉이 맞대도록 겹쳐 놓은 다음 실물본을 대고 완성선을 그려요.

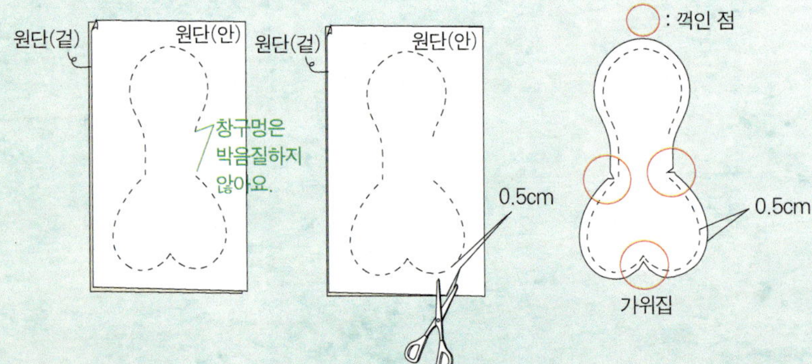

❷ 완성선을 따라 박음질을 해요. 이때 창구 멍(3cm)는 박음질 하지 않아요. 박음질선 에서 0.5cm 떨어진 곳을 모양을 따라 잘 라요. 꺾인 점에는 가위집을 넣어요.

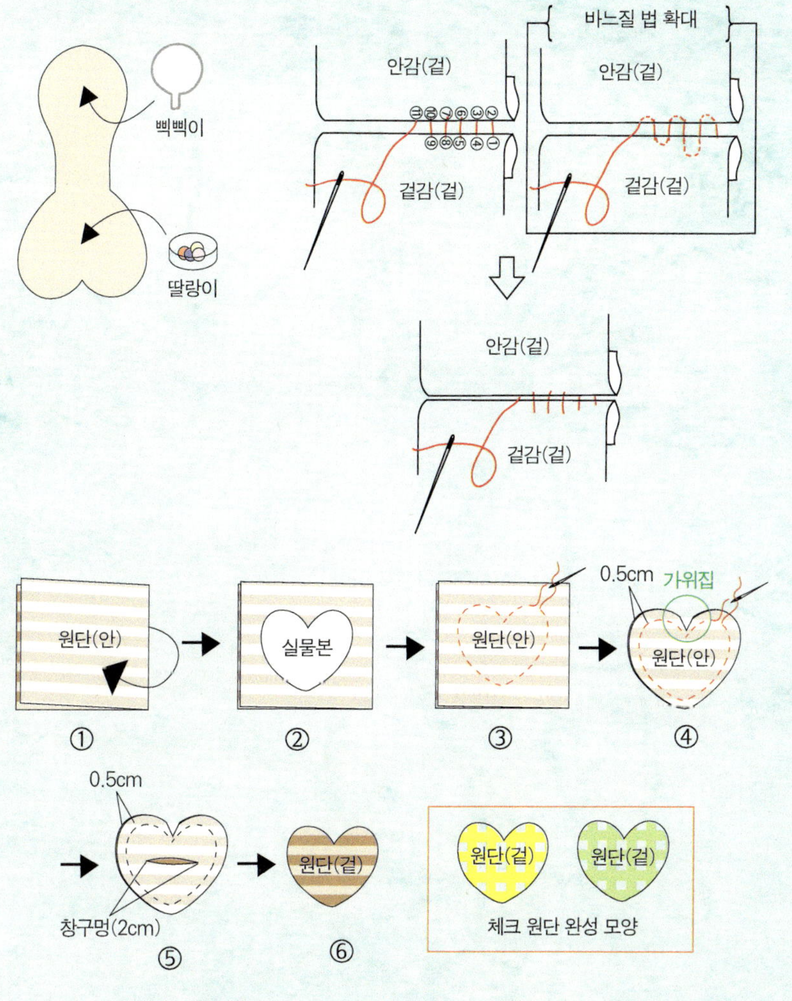

❸ 창구멍으로 천을 뒤집어 삑삑이와 딸랑이를 넣어요. 솜을 넣고 창구멍을 숨뜨기로 막아요.

❹ 줄무늬 원단을 반으로 접어 놓고 실물본을 대고 완성선을 그려요. 완성선을 따라 홈질을 한 다음 바느질선에서 0.5cm 떨어진 둘레를 잘라요. 한쪽 면의 중앙을 잘라 창구멍을 내요. 창구멍을 뒤집어 하트 모양을 만들어요. 같은 방법으로 하트 모양 두 개를 완성해요.

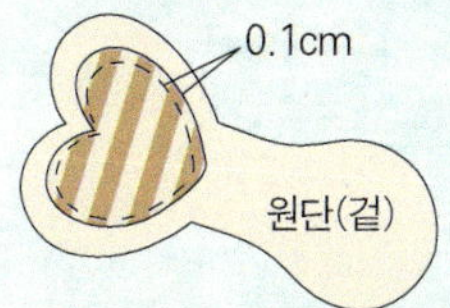

반 박음질 : 박음질과 비슷한 방법으로 앞으로 한 땀 뜨고 반만 되돌아가 다시 앞으로 한 땀을 뜨는 바느질 법

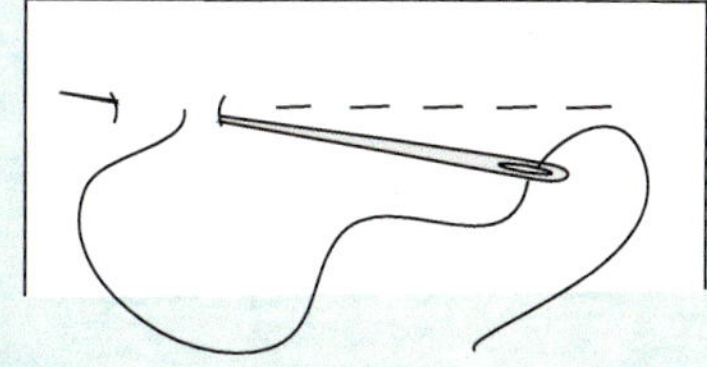

❺ 하트를 0.1cm 안으로 반 박음질하여 붙여요.

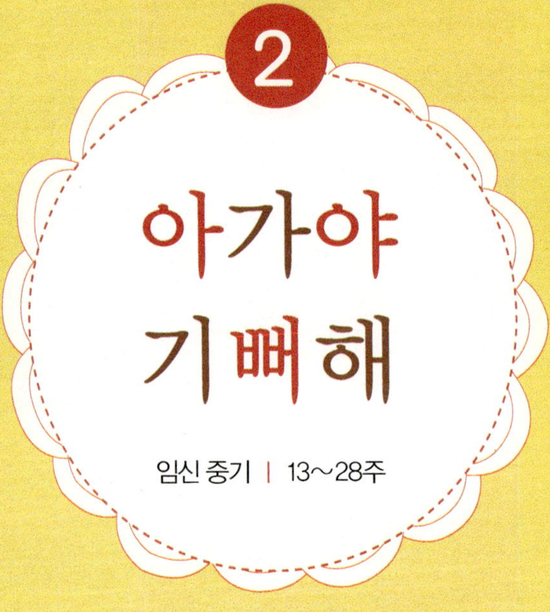

2
아가야
기뻐해
임신 중기 | 13~28주

아가야, 온 세상이

새하얀 눈 세상으로도 보이고

오색영롱한 무지갯빛으로도 보이고

넓디넓은 파란 바다처럼도 보인단다

모두 기쁨과 행복으로 물들어

고운 아가 꿈 같은 너를 축복하고 있나 봐

중기 태교법
행복한 엄마 아빠에게서
행복한 아기가 태어난다

이제 태아는 12주를 건강하게 지나 임신 중기로 접어들었습니다. 이때는 자궁 내에서 태아가 프로그래밍화되는 중요한 시기입니다. 널리 알려진 태아 프로그래밍은 자궁 내부에서 일정한 환경에 지속적으로 노출된 태아가 성인이 된 뒤에도 태아 때의 체질이 그대로 나타나는 것을 말합니다. 예를 들면 영양 결핍이나 유해 물질, 스트레스로 생긴 질환이 프로그래밍화되어서 신체 구조 및 기능에 영향을 끼친다는 것입니다. 또한 자궁 내부에서 받은 영향은 생후에도 계속 영향을 미칩니다. 이러한 태아 프로그래밍에서 가장 중요한 핵심은 바로 태아를 보호하는 양수에 있습니다. 양수는 임신 3개월까지 모체에서 만들어지고 그 이후에는 태아가 스스로 만듭니다. 엄마가 행복하고 건강하면 아기는 입으로 양수를 들이키고 뱉으면서 건강한 양수를 만들기 시작합니다. 그러나 엄마의 마음이 불편하거나 영양 상태가 좋지 않을 때는 양수를 내뱉지 않고 계속해서 마시기만 합니다. 이러면 생명을 감싸고 있는 양수의 상태는 약해질 수밖에 없습니다.

사람의 몸은 70퍼센트가 물입니다. 저명한 물의 학자인 에모토 마사루는 《물은 답을 알고 있다》에서 물도 감정이 있다는 것을 과학적으로 증명했습니다. 유리병에 물을 넣고 초정밀 카메라로 실험을 한 결과, '사랑해요, 감사해요.'라고 말한 물의 결정체는 영롱한 빛을 내며 아름다운 왕관으로 변했습니다. 그러나 '싫어해, 불편해.'라고 말한 물의 결정체는 상처가 난 것처럼 갈라지고 어둡게 변했습니다.

물에게 격려와 찬사를 보내면 물의 결정체가 사랑의 힘을 받아 아름다운 모양으로 변하듯 자궁 내 환경이 조금 부족하더라도 엄마의 사랑이 담긴 말 한마디로 아기는 그 환경을 이겨 나갈 힘을 얻습니다. 사랑받는 아이는 스스로 행복한 양수를 만드니까요. 엄마 아빠의 입에서 나오는 감사, 사랑, 소망이 담긴 말들은 건강한 양수를 만드는 자양분이 됩니다. 기적을 만드는 양수를 통해서 자궁 내 태아 프로그래밍화를 성공시키고 행복한 가정의 밑거름을 마련하시길 바랍니다.

자연 태교

자연의 아름다움은 균형과
조화에 있다

자연에는 태아만이 느낄 수 있는 특별한 언어가 있습니다. 태아는 엄마의 체내에 수정된 이후로 차례로 감각이 발달하기 시작하는데 이를 통해 입술보다 먼저 온몸으로 반응하는 방법을 터득하게 됩니다. 이것을 태아의 느낌 언어라고 합니다. 엄마의 눈을 통해서 푸른 숲이 인사를 하면, 태아는 느낌 언어로 푸른 숲을 상상하며 안정감을 찾을 수 있습니다. 이것은 훗날 태아의 성품과 자연을 대하는 태도에도 영향을 줍니다.

자연의 아름다움은 균형과 조화에 있습니다. 땅 위에는 꽃들이 피어나고, 새들이 지저귀며, 이제 막 새싹이 돋는 나무들이 서로의 향기를 바위틈에 숨겨 놓습니다. 동산의 봄, 여름, 가을, 겨울은 태아에게 주어진 10개월의 시간을 더 풍성하게 만들어 줍니다. 자연은 다양한 모습을 지니고 있지만 나뭇잎 하나에도 질서가 있습니다. 유럽에서 위대한 음악가와 훌륭한 작가들이 많이 나오는 것은 우연이 아닙니다. 눈 덮인 산봉우리와 늘 푸른 상록수나무, 황금빛 들판에 한가로이 풀을 뜯고 있는 양떼의 풍경을 상상해 보세요. 그곳에서 소재를 얻은 위인들은 자연의 질서와 평화로움을 노래와 글로 선물할 수 있었던 것입니다.

자연의 소중한 소리는 엄마가 찾아 들려주지 않으면 무심코 흘려보낼 수 있습니다. 시냇물 흐르는 소리, 새들의 노랫소리, 나무와 나무 사이로 다니는 바람 소리, 풀벌레 소리를 먼저 감지하는 것은 엄마이기 때문입니다. 자연의 소리를 들려주면 태아에게 건강한 생체 신호음이 나타납니다. 그리고 반복적으로 자연 태교를 하다 보면 청각이 발달된 아기가 엄마보다 먼저 자연의 소리에 미소 짓고 있을 것입니다.

자연을 더 사랑스럽게 만드는 것은 바로 색입니다. 세상의 그 어떤 색보다도 아름답고 다채로운 자연색은 인간의 정서와 마음을 풍요롭게 만들고, 눈의 피로를 풀어 줍니다. 태아는 눈이 아닌 뇌에서 자연색을 느끼는데 엄마가 밝다고 느끼면 그 느낌은 뇌의 호르몬 작용에 변화를 주고 이런 변화가 곧 태아에게 전달되어 태아도 밝다고 느끼게 됩니다. 자연의 아름다움은 보는 것만으로 그치지 않습니다. 엄마가 자연의 맑은 공기를 깊이 들이마실 때 아기는 충분한 영양을 공급받을 수 있습니다. 찬란한 아침 햇살은 성장 세포에 힘을 실어 주고 엄마의 충분한 산소가 아가의 뇌 발달에 좋은 영향을 주어 똑똑한 아이로 만들어 줍니다. 또한 자연이 내뿜는 항균 물질인 피톤치드, 테르펜, 음이온은 아기의 뇌 발달은 물론 신체 발달을 돕습니다.

이처럼 자연 태교는 엄마와 아기에게 자연의 축복을 누리는 법을 가르쳐

줍니다. 사랑을 받은 사람이 사랑을 줄 수 있듯이 자연의 축복을 받은 태아는 받은 사랑을 나누는 아이로 자랄 것입니다. 멀리 가지 않아도 누구든지 새순이 돋아나는 봄의 향기와 눈 덮인 겨울 산과 시원한 여름 바다 그리고 가을 단풍을 찾을 수 있습니다. 그리고 그 아름다운 자연의 현장에서 태아와의 데이트를 통해 엄마는 충분하고 넉넉한 마음으로 사랑하는 아기에게 말할 수 있습니다.

"아가야, 너는 자연처럼 아름답고 숭고하고 균형 잡힌 삶을 살아라. 엄마는 너를 위해서 항상 두 손을 모을게! 사랑한다, 아가야!"

Key Point

이렇게 해 보세요!

1. 자연 태교를 통해서 아기에게 어떤 느낌 언어가 전달되었는지 물어보고, 엄마가 자연을 통해 받은 느낌을 이야기해 주세요.

2. 엄마는 마음과 눈으로 보는 아름다운 순간들을 내일을 위해 사진이나 글로 남겨 보세요. 태어날 아기를 위한 소중한 자료가 될 거예요.

뇌 태교

뇌 태교는 뱃속 아기를 영재로 만드는 훈련법입니다. 태아의 뇌는 초기에 엄마의 갑상선 호르몬의 영양을 받다가 13주부터 안정기로 접어들어 유아기 때 완성됩니다. 한 번 만들어진 뇌세포는 다시는 만들어지지 않기 때문에 미리 알고 준비하는 것이 중요합니다. 뇌 태교를 하면 아기에게 건강한 자극을 주기 때문에 많은 수의 신경 세포와 뇌세포를 만들어 기억력, 창의력, 문제 해결력이 좋아지고 성격 형성에까지 영향을 미칩니다.

태아는 1,000억 개의 신경 세포와 그 세포를 연결하는 50조 개가 넘는 시냅스(synapse)를 갖고 태어납니다. 태아에게 행복한 자극이 전해지면 시냅스의 연결이 활발해져서 영재를 만들 수 있습니다. '태아, 영재 만들기 프로젝트'에 가장 이상적인 도우미는 아빠입니다. 임신부가 남편의 사랑을 받아 엔도르핀이 나오면 태아의 뇌 속에 시냅스가 발달하여 빠른 사고력을 지닌 뇌세포가 만들어지기 때문입니다.

예를 들면 남편이 적극적으로 사랑을 표현하고 아이를 위한 대화의 시간을 가질 때, 남편이 임신부의 배를 어루만져 줄 때, 아내가 임신에 대한 안정감을 누리면서 행복을 만끽할 때 더욱 건강한 신경 세포와 뇌의 형성을 이루는 시냅스가 만들어집니다.

임신부는 신체의 갑작스러운 변화와 출산에 대한 부담감 때문에 정서적으로 불안한 상태를 경험할 수 있습니다. 이때 가장 중요한 사람은 늘 곁에 있는 남편입니다. 남편이 건네는 위로와 사랑의 말 한마디는 태아와 산모에게 큰 힘을 줍니다. 또한 임신 중의 적극적인 부부 사랑은 자궁 내 환경에 안정감과 평안함을 주기 때문에 태아의 성격과 총명한 두뇌를 만드는 데 시너지 효과를 가져옵니다.

출생 뒤에도 시냅스는 성장을 통해서 18~22배까지 늘어나는데, 3세 이전까지가 내 아이를 영재로 만드는 데 가장 중요한 시기가 될 것입니다. 4세부터는 지속적인 뇌 활동 과정에서 사용하지 않는 신경 세포들은 정리되고 재배열되면서 더욱 복잡한 형태를 만들어 가기 때문입니다. 아빠를 통해 아기의 무한한 잠재력이 깨어날 수 있다는 것을 기억하고 아빠는 적극적으로 태교에 참여해야 합니다.

아빠의 노력과 더불어 엄마도 뇌 태교를 위해 꾸준히 체크해야 될 것이 있습니다. 바로 임신 중의 건강입니다. 임신부는 태아의 뇌 기능을 발달시키고 뇌 세포가 정상적으로 활동하도록 도와주는 영양소가 무엇인지 잘 선택해서 섭취

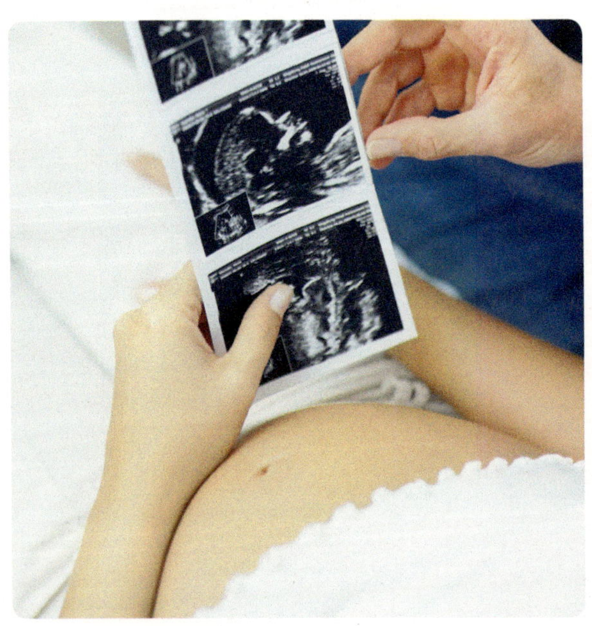

해야 합니다.

　비타민 B, 견과류를 포함한 DHA와 두뇌 활동에 힘을 주는 탄수화물과 단백질, 뼈를 튼튼하게 해 주는 칼슘, 집중력과 심리적 안정을 돕는 비타민 C, 콩과 참기름, 달걀에 들어 있는 레시틴은 태아의 신경 세포를 성장시키는 데 도움을 줍니다. 임신 기간 중 태아가 성장하는 동안 1분당 평균 25만 개의 신경 세포가 만들어진다고 하니, 레시틴을 소홀히 여길 수 없습니다. 물론 순산 체조와 복식 호흡법을 통해 충분한 산소를 뇌에 전달하는 것은 필수입니다.

　그 밖에도 태아가 아빠 엄마와 함께하는 시간을 규칙적으로 갖는 것은 태아의 두뇌 능력을 높여 줍니다. 음악 태교를 하며 노래를 감상하고 따라 부르거나, 미술 태교를 하면서 그림을 그리거나, 성품 태교를 하면서 서로 대화를 하고, 자연 태교를 하면서 맑은 공기를 마시며 산책하고, 독서 태교를 하면서 책을 읽는 것 등 모든 태교가 뇌 발달의 연결 고리가 됩니다. 1퍼센트의 영재가 되는 뇌 태교의 핵심은 아기에게 최고의 정서를 만들어 주려는 엄마 아빠의 99퍼센트 노력에 달려 있습니다.

Key Point

이렇게 해 보세요!

1. 임신부가 남편의 사랑을 받아 엔도르핀이 나오면 태아에게는 똑똑한 시냅스가 나와서 건강한 뇌세포를 만들어 냅니다. 남편이 아내에게 하루에 한 번 '사랑의 문자 보내기'를 실천해 보세요.

2. 집 안에서도 5분씩 복식 호흡법을 통해 충분한 산소를 뇌에 전달해 보세요.

임신 부부와 출산 뒤의 성(性)

　　성은 아름답고 신비한 것입니다. 한 몸을 이룬 부부는 서로를 이해하고 사랑할 뿐 아니라 성에 대해 올바른 지식을 배워야 합니다. 부부의 성은 서로 전혀 다르기 때문에 대화를 통해 비밀의 방을 알아 가고자 하는 노력이 필요합니다. 임신 중이나 출산 뒤에 정상적인 부부 생활을 유지하는 데 성에 대한 남편과 아내의 본성의 차이를 몰라 어려움을 겪는 경우가 많습니다. 남편은 성을 정복하고 싶어 하는 반면에 아내는 자기만을 사랑하는 사람을 소유하고 싶어 합니다. 아내는 분위기를 만들어 가면서 남편으로부터 사랑 고백을 듣고 싶어 하는 반면에 남편은 눈으로 아내의 아름다운 D라인과 S라인을 보면서 향기를 맡고 부드럽게 만져 주기를 원합니다. 임신 중과 출산 뒤에 아름다운 부부 관계는 아내의 정서와 자궁 내 환경에 영향을 줍니다. 따라서 임신 중 부부의 성은 아내와 남편이 서로를 인정해 주고 배려하려는 노력이 필요합니다.

성은 육체적 결합 이전에 부부로서 서로에게 의무를 다하는 것입니다. 부부의 성생활은 평상시에 정신적인 스트레스를 주지 않아야 합니다. 하지만 대부분의 아내들은 임신을 하면 정상적인 성생활을 멀리 하고 태아를 위해서 금욕적인 삶을 사는 것을 당연시 여깁니다. 정상적인 부부의 아름다운 성은 정성껏 준비된 만찬과 같습니다.

임신 중이나 출산 뒤에 부부 생활은 타이밍이 중요합니다. 새벽이나 저녁 시간 또는 아이가 잠든 시간에 서로의 타이밍을 맞추는 것이 좋습니다. 태반이 착상을 마치는 20주부터 출산을 앞 둔 한 달을 빼고는 36주까지는 정상적인 성관계를 해도 안전합니다. 임신 중 성생활로 자궁 내에 있는 태아에게 손상을 일으킬 수 있다는 주장은 가능성이 매우 희박합니다. 태아는 양수와 양막에 둘러싸여 있어서 자궁 골반과 복벽으로부터 보호되고 두터운 점액이 자궁 경부를 막고 있어 감염으로부터 보호를 받습니다.

임산부는 입덧 증상이 없어지면서 호르몬의 영향으로 유방이 커지고 감각이 예민해지면서 오히려 성욕이 증가할 수 있습니다. 임신 중 후기를 지나면서 자궁이 커지고 배가 많이 부르므로 복부에 힘을 주거나 깊이 삽입되는 자세는 조심해야 합니다. 남성 상위 체위는 무리가 갈 수 있으므로 여성 상위 체위로 바꾸어 아내가 자극을 조절하는 것도 좋은 방법입니다. 남편이 아내의 등 뒤에서 하는 측위 체위 자세도 배가 많이 부르기 전까지는 가능합니다. 임신 38주 이후의 성관계는 자궁 수축을 일으켜 태아의 심박동이 낮아지며 자궁 내 세균 감염을 일으킬 수 있기 때문에 콘돔을 사용해야 합니다. 정상적인 성생활을 절제하고 스킨십이나 다른 방법으로 성생활을 해야 하는 임산부들이 있습니다. 예를 들면 양막이 터져 양수가 나오는 경우 또는 유산이나 조산을 경험했거나 질 출혈이 있는 경우 그리고 조기 진통이나 전치태반인 임산부입니다. 이런 경우를 빼고는 정상적인 성생활을 유지하는 것이 좋습니다. 태아에게도 엄마 아빠의 진심 어린 사랑은 좋은 선물이 될 것입니다.

1. 사랑을 나눌 수 있는 비타민 요일을 정해서 실천해 보세요.
2. 색깔별 콘돔을 준비해서 성생활을 위한 특별 이벤트를 만들어 보세요.

명언 태교

마음을 비우고 좋은 생각
에너지를 공급받자

단 한 문장의 짧은 명언도 한 사람의 생각과 삶을 변화시킬 수 있습니다. 주얼 D. 테일러는 '나를 바꾸는 데는 단 하루도 걸리지 않는다.'고 말했고, 21세기에 전인격적인 면에서 가장 성공한 빌 게이츠도 '주어진 삶에 적용해라'를 비롯하여 80가지의 명언을 남겼습니다. 위인들이나 그의 어머니들에게는 그들의 인생을 움직였던 명언들이 있었습니다.

마음속에 간직한 명언 하나는 겨울을 이겨 내는 씨앗의 지혜와도 같습니다. 눈앞에 닥친 어려움만 보는 것이 아니라 명언을 통하여 더 넓은 세상을 바라보는 시야를 갖게 되는 것입니다. 그래서 명언은 만든 사람뿐 아니라 다른 사람들의 인생에까지 큰 영향력을 미칠 수 있습니다. 실제로 '사랑에는 한 가지 법칙밖에 없다. 그것은 사랑하는 사람을 행복하게 만드는 것이다.'라는 스탕탈(Standhal)의 명언은 사랑을 주저하는 많은 사람들에게 사랑을 실천하도록 용기를 주었습니다.

위인들의 명언도 소중하지만 생명을 품고 사는 임산부에게 꼭 필요한 자양분은 남편이 건네는 위로와 사랑 고백입니다. 아내에게 첫째 가는 명언은 남편의 입에서 나오는 자상한 말 한마디입니다. 반대로 남편을 변화시키는 명언은 남편에 대한 칭찬과 인정이 담긴 아내의 목소리입니다.

명언은 교훈을 주거나 학문 등의 핵심을 간략하게 외우고 말하기 쉽게, 그 내용을 간결하고 짧은 문장으로 표현한 것입니다. 스치듯 지나가는 말이 될 수도 있지만 어떤 사람에게는 마음을 비우고 힘을 공급받는 순간이 될 수도 있다고 믿기에, '태교 명언 21개'를 만들어 보았습니다.

　　태교 명언 21개는 태아를 사랑하는 아빠와 엄마를 위해 특별히 오랜 시간 준비한 생명 명언입니다. 이 명언들을 눈에 잘 띄는 곳에 붙여 놓거나 즐겨 입는 옷 주머니에 넣었다가 우연히 꺼내 보기를 바랍니다. 생각지도 못한 순간 오늘 하루가 명언대로 움직이고 있다는 사실을 깨닫는다면 명언 태교에 성공한 것입니다. 사랑하는 사람의 책이나 주머니에 예쁘게 명언을 적어 넣어 두는 센스 있는 아내, 봄같이 빛나는 엄마가 되면 어떨까요?

이렇게 해 보세요!

1. 명언 카드를 만들어 자주 눈길이 머무는 컴퓨터 옆 냉장고, 화장대 앞에 붙여 놓고 오갈 때마다 소리 내어 읽고 마음에 새기세요.

2. 다음 장에 나오는 21개의 명언 외에도 나만의 명언을 만들어 사랑하는 아기에게 세상에 하나뿐인 엄마표 명언을 선물해 주세요.

아기에게 꼭 들려주고 싶은 태교 명언 21

명언 1 : 태교는 뿌리 교육이다.

뿌리는 보이지 않지만 그 열매를 보면 건강한 뿌리인지, 아닌지 알 수 있다.

보이는 것은 보이지 않은 것, 즉 뿌리에서 시작되어 뿌리로 지탱하여 살아가게 된다.

명언 2 : 행복한 엄마 아빠는 1퍼센트가 다르다.

이 글을 읽고 있는 당신은 이미 1퍼센트에 들어와 있다. 행복을 클릭하라.

명언 3 : 아름다운 태교가 아름다운 사람을 만든다.

인류 역사상 사람에게 가장 큰 영향력을 준 것은 교육이다.

하루의 태교가 100년의 인생을 좌우하듯 아름다운 태교는 아름다운 사람, 아름다운 가정, 아름다운 나라를 만든다.

명언 4 : 행복한 엄마 아빠에게서 행복한 아이가 태어난다.

문제아는 없다. 문제 부모만이 있을 뿐이다.

행복하고 성공한 자녀 뒤에는 서로 노력하는 행복한 부모가 있다.

명언 5 : 우리는 준비된 당당한 엄마 아빠이다.

'아는 것이 힘이다'라는 F. 베이컨의 말처럼 인생은 준비를 통해 아는 것으로 당당해질 수 있다.

준비를 마친 아기는 출산 뒤에도 인생의 터널을 당당하게 통과할 수 있게 된다.

명언 6 : 태교는 다리이다.

태교를 통해 사랑, 믿음, 감사가 흘러가고 아기를 위해 준비하는 다양한 첫 경험들은 행복과 웃음을 만들어 준다. 무엇보다 자신을 사랑하고, 아기를 사랑하는 시간을 통해 사랑을 전달하는 다리 역할을 해 준다.

명언 7 : 엄마 아빠가 웃으면 태아도 웃는다.

웃음은 최고의 보약이다. 기쁠 때만 웃는 것이 아니라 힘들고 울고 싶을 때도 뱃속의 아기를 생각하면서 웃어 보자. 아마 태아도 괜찮다며 함께 웃어 줄 것이다.

명언 8 : 엄마 젖은 아기에게 종합 비타민이다.

초유 안에는 각종 질병에 대한 면역 인자 및 성장 인자, 락토페린 등 풍부한 영양소가 함유되어 있다.
태어날 아기의 건강을 위해 지금부터 모유 수유의 성공 마인드를 갖자.

명언 9 : 태중 영양이 일생의 건강을 좌우한다.

태아에게 공급되는 모든 영양소는 임산부가 섭취하는 음식에 의존한다.
건강한 식습관은 태아의 지능 발달 및 신체 발육에 큰 영향을 주고, 평생 건강을 좌우한다.

명언 10 : 자궁 내 환경은 태아의 궁전이다.

사랑스러운 공주님, 왕자님을 위해 최고의 궁전을 만드는 것은 엄마의 선택이다.
자궁 내 환경을 가장 좋은 조건으로 만들어 주고, 전인격적인 건강한 아기로 나올 수 있도록 40주 계획을 세워 궁전에 필요한 것들을 하나하나 채워 가자.

명언 11 : 태아가 가장 행복을 느끼는 소리는 엄마 아빠의 목소리다.

임신 3개월, 청각이 만들어지기 시작한 태아는 아빠의 부드럽고 낮은 목소리를 영원히 기억한다. 엄마와 아빠의 목소리가 태아에게 안정감을 준다.

명언 12 : 세상에서 가장 아름다운 모습은 태아를 품고 있는 엄마의 D라인이다.

세상에서 가장 아름다운 단어는 어머니이고 가장 아름다운 모습은 생명을 품고 있는 엄마의 D라인이다.

명언 13 : 자연 태교는 태아에게 균형과 조화라는 아름다운 선물을 준다.

자연에는 질서와 어울림이 있다. 아름다운 자연을 바라보는 산모의 눈동자는 카메라와 같아서 아기의 뇌에 사진처럼 고스란히 기억된다.

명언 14 : 음악은 태아의 뇌에 아름다운 추억과 꿈길을 만들어 주는 산책로이다.

음악을 통해서 지구촌은 하나의 언어로 소통할 수 있다.

음악의 아름다운 선율을 들으며 산모와 태아는 자리에 앉아 아름다운 산책로를 즐길 수 있다.

명언 15 : 엄마 아빠의 '사랑해' 한마디는 한 컵의 건강한 양수를 만든다.

12주까지는 엄마가 양수를 만들어 주고, 13주부터는 태아가 양수를 마시고 내뱉으며 만들어 간다.

에모토 마사루의 저서 《물은 답은 알고 있다》에서 감사와 사랑의 말을 들은 물은 보석과 같은 결정체를 만든다는 것을 증명하였다.

명언 16 : 엄마의 안정된 심장 박동은 태아의 뇌에 영재 시냅스(synapse)를 만든다.

아무리 잘해 주어도 남의 품에 안긴 아기가 우는 이유는 자기 엄마의 심장 박동을 기억하기 때문이다. 태아의 뇌는 엄마의 안정된 심장 박동을 들으며 기억력이 높아진다.

명언 17 : 엄마의 손길은 태아를 춤추게 한다.

부드러운 자극은 양수의 파동을 일으켜 태아에게 말을 걸어 온다.

또한 아내의 배를 남편이 사랑스럽게 어루만질 때 태아에게 3가지 태교 혁명이 일어나는데 피부 태교, 영재 태교 그리고 성품 태교가 그것이다.

명언 18 : 아빠의 아기 씨는 90일 전에, 엄마의 아기 씨는 30일 전에 만들어진다.

성서에서 하나님은 예레미야에게 '내가 너를 너의 모태에서 조직되기 전에 알았다'고 말씀하셨다.

이같이 생명 씨앗은 하루 만에가 아니라 미리 준비된 만남으로 시작된다.

명언 19 : 태명은 아이의 미래 얼굴이다.

눈이 작아 걱정이었던 엄마 아빠가 아이의 태명을 '왕눈이'로 지었다.

출산 뒤에 만나 보니 아기의 눈은 정말 크고 예뻤다.

명언 20 : 태교는 축복된 만남, 행복한 임신이다.

40주 동안 태교를 경험한 엄마와 아기는 확실히 다르다.

엄마와 아빠의 마음과 생각이 만난 태교를 통해 아기는 한없는 축복을 받고 행복해질 수 있다.

 **명언 21 : "나는 순산할 수 있다!"를 세 번 외치면 그대로 된다.**

순산하는 산모들은 주먹을 쥐고 거울을 보며 이렇게 외쳤다.

"나는 순산할 수 있다, 나는 순산할 수 있다, 나는 순산할 수 있다!"

엄마의 당당하고 힘찬 고백이 순산이라는 승리를 가져온다.

아가야, 기뻐해 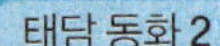

:: 이은영

풀잎이 노래하는 아침, 분홍빛 깃털을 가진 새가

기쁜 소식을 가져왔어요.

엄마가 좋아하는 음식, 엄마가 듣고 싶은 음악,

엄마가 사랑하는 아빠의 이야기.

엄마의 모든 것이 들어 있는 하나, 둘, 셋 그리고 쉿! 비밀 이야기도!

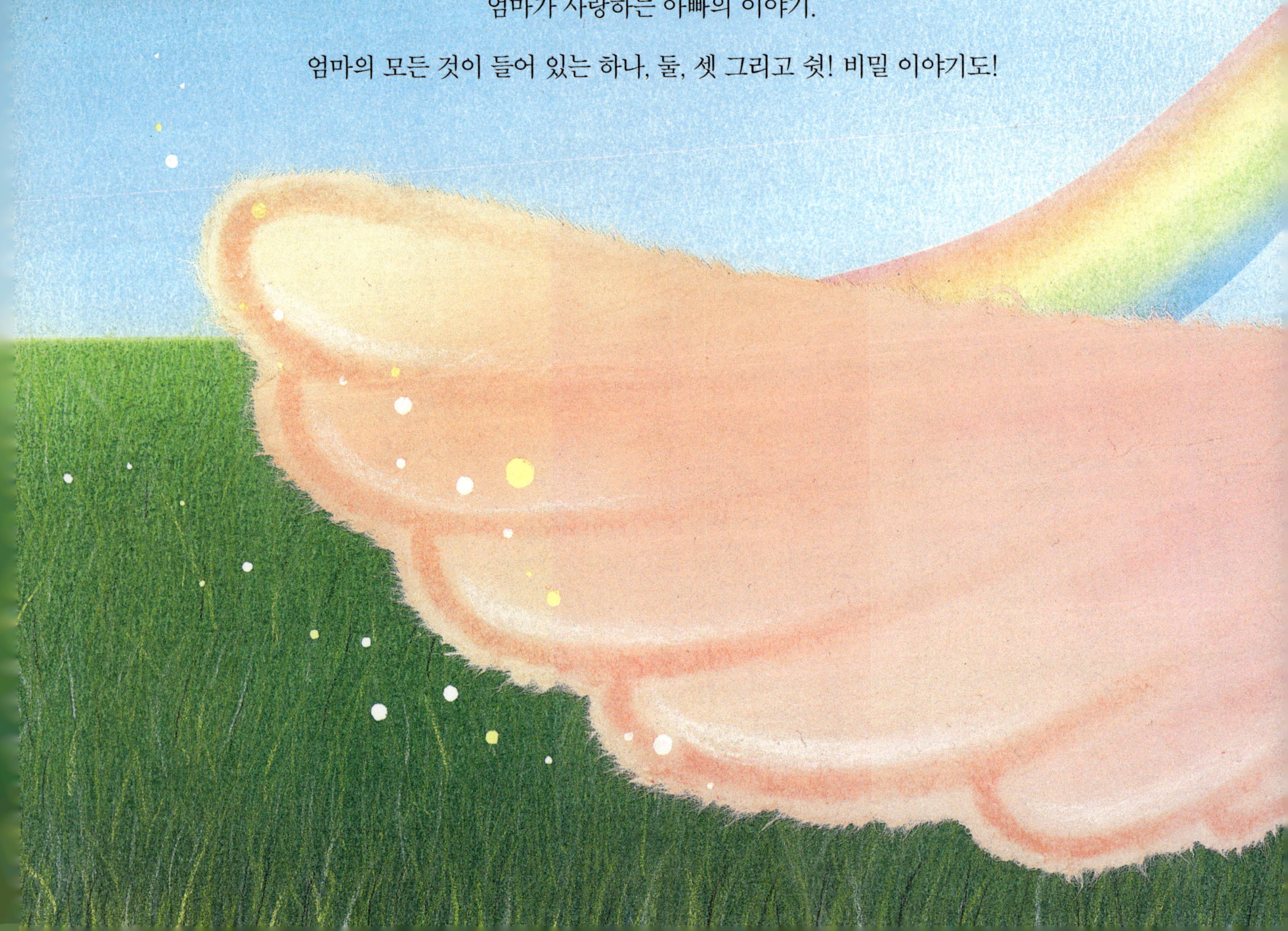

그리고 나에게 예쁜 이름을 지어 주셨어요.

제 이름은 *기쁨이에요.

엄마는 항상 내 이름을 부르면서 이야기를 시작하세요.

*기쁨이 대신 아기의 태명을 넣어 읽어 주세요.

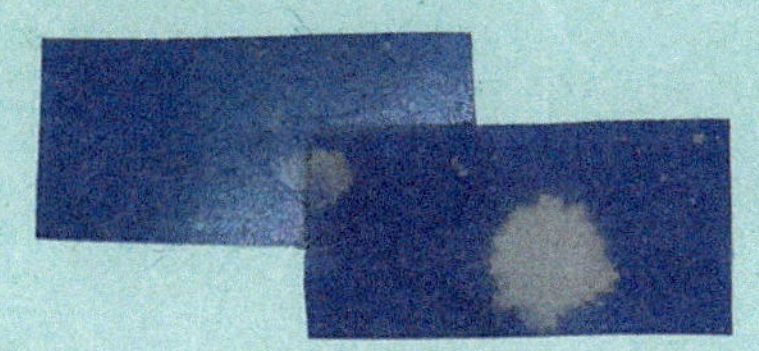

"사랑하는 기쁨아! 무럭무럭 건강하게 자라고 있지?

넌 엄마와 아빠에게 세상에서 가장 소중하고 특별한 존재란다.

오늘도 우리 함께 기쁨의 이야기 주머니를 만들어 볼까?"

선물

:: 신현태

작은 가슴 가득히 꿈을 안겨 줄 거야

고운 손 듬뿍 축복을 안겨 줄 거야

네가 원하는 건 무엇이든 다 줄 수가 있지

왜냐하면 너는 너는 최고의 선물이니까

성장의 바람

:: 신현태

고마운 우리 아가 행복한 아가

귀여운 우리 아가 꿈꾸는 아가

멋있는 우리 아가 쑥쑥쑥 자라

세상의 모든 사람 섬기는 아가

오대양 육대주 주름잡는 아가

아가야 무럭무럭 자라나

온 세상 모두에게 꿈을 나누어 주렴

태담 동시

계절 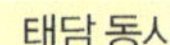

:: 신현태

아가야 봄이 오는 소리가 들리니

엄마는 갯버들 같은 여린 너를 기다리며

따스한 봄볕에서 토닥토닥 너를 잠재울 거야

아가야 여름이 오는 소리가 들리니

엄마는 싱그런 하늘 아래 너를 기다리며

찬란한 하늘 무지개처럼 너를 곱게 키울 거야

아가야 가을이 오는 소리가 들리니

엄마는 형형색색 멋진 단풍을 바라보며

아장아장 아기 손바닥 같은 널 잡아 줄 거야

아가야 겨울이 오는 소리가 들리니

엄마는 새하얀 눈송이 날리는 하늘을 보며

눈처럼 맑은 너를 마음껏 축복할 거야

아가야 계절이 오는 소리가 들리니

엄마는 봄 여름 가을 겨울 노래할 거야

너를 꼭 안고 정겨운 가슴으로 사랑할 거야

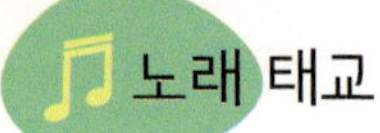

엄마 별 나의 별

* 지붕 위의 별들 그중에 나의 별은 어떨까 내 마음도 별을 따라서 반짝반짝거릴 거예요

율동

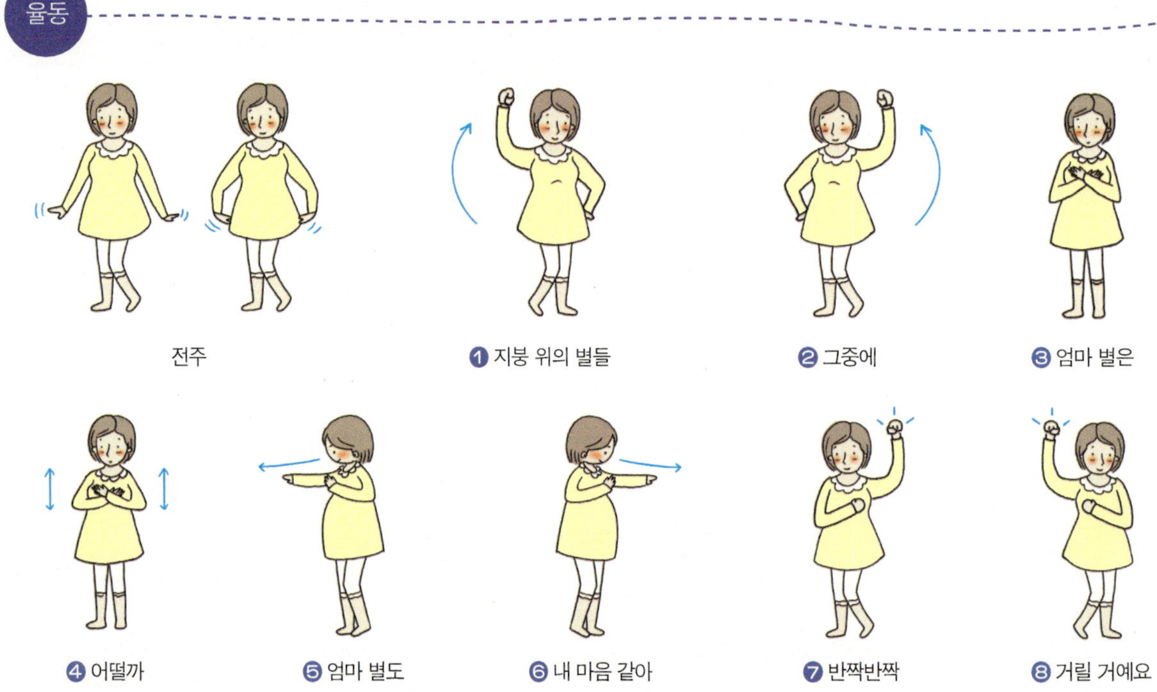

If You're Happy And You Know It

* If you're sad and you know it, wipe your eyes(Sniff, Sniff)
* If you're angry and you know it, stamp your feet(Stamp, Stamp)

행복하다면 손뼉을 쳐 봐요

행복하다면 손뼉을 쳐 봐요(짝짝)
행복하다면 손뼉을 쳐 봐요(짝짝)
행복하다면 분명히 얼굴에 나타날 거예요
행복하다면 손뼉을 쳐 봐요(짝짝)
슬프다면 눈물을 닦아요(훌쩍훌쩍)
화가 난다면 발을 굴러요(쿵쿵)

태아가 좋아하는 클래식

중기에는 태아의 청각이 발달하여 외부의 소리를 듣기 시작합니다. 이때 너무 불규칙한 소리를 들으면 태아는 불안을 느낍니다. 반면 부드러운 소리는 안정을 찾게 도와주지요. 아기는 엄마의 심장 박동 소리를 가장 좋아하지만 다른 소리로도 뇌를 자극해 주어야 합니다. 아래 추천 음악 가운데 이 책의 부록으로 들어 있는 음악 태교 가이드 음반에 〈엘가의 사랑의 인사〉와 〈생상스 동물의 사육제 중 백조〉가 실려 있으니 곡의 특성을 생각하며 편안하게 감상해 보세요.

추천음악

- 엘가의 사랑의 인사
- 생상스 동물의 사육제 중 백조
- 차이코프스키 백조의 호수 정경
- 헨델 수상곡
- 요한 스트라우스 아름답고 푸른 도나우, 피치카토 폴카
- 오펜바흐 뱃노래
- 하이든 세레나데
- 그리그 아침의 노래

태담 전화기 만들기

✴ 태담 전화기를 만들면서 아기와 사랑의 대화를 나눌 수 있습니다.
✴ 엄마 아빠의 사랑스러운 목소리를 아기가 직접 들을 수 있습니다.
✴ 뱃속 아기에게 말을 걸기 어색해하는 아빠도 태담 전화기를 통해서
   아기와 쉽게 대화를 나눌 수 있습니다.

준비물 깔때기 2개, 호스(60cm), 리본 테이프(길이 120cm 1개, 55cm 2개), 유성펜,
       양면 테이프

❶ 리본 테이프 뒷면에 양면 테이프를 붙인다. 호스에 리본 테이프를 돌아가면서 감는다.

❷ 뱃속의 아기를 생각하며 깔때기에 그림을 그림거나 사랑의 글을 쓴다.

❸ 호스를 깔때기에 끼우고 끼운 부분에 55cm 리본 테이프를 묶어 예쁜 리본을 만든다.

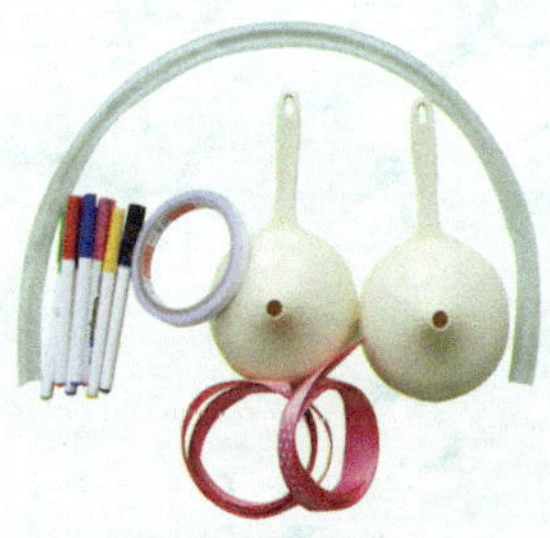

중기 순산 체조

임신 중에 골반 운동은 골반과 복부의 혈액 순환을 도와주어 태아의 성장 발달을 돕는다. 또한 꾸준히 골반 운동을 하면 골반 뼈를 유연하게 만들어 순산을 할 수 있다.

❶ 양팔을 옆으로 곧게 펴고 다리를 옆으로 벌리고 90도로 세워 천천히 5분 동안 걷는다.

❷ 바닥에 앉아 양 발바닥을 마주 붙이고 나비 모양의 자세를 만든 다음 양 무릎을 위아래로 털어 준다.

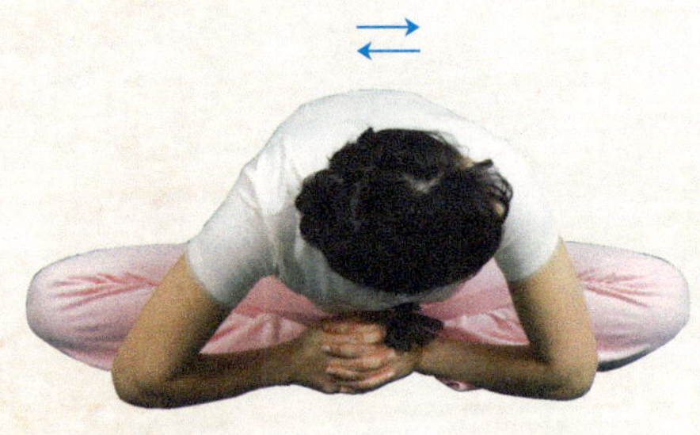

❸ 발끝을 잡고 상체를 숙인 자세에서 고개를 좌우로 돌린다. 같은 동작을 4회 반복한다.

❹ 손바닥을 무릎 위에 대고 팔꿈치를 직각으로 세워 앞을 보면서 상체를 앞으로 숙인다. 이 자세를 30초 동안 유지한다 (4회 반복).

❺ 무릎 위에 손을 얹고 손에 힘을 주어 어깨와 허리를 뒤쪽으로 틀며 고개는 뒤를 보고, 한쪽 팔은 곧게 편다(4회 반복).

❻ 양손으로 한쪽 발을 잡고 들어 올린 다음 바깥쪽을 향해 밀기를 4회 반복한다.

❼ 다리를 양쪽으로 넓게 벌린 다음 양손을 손끝이 마주 보게
바닥에 대고 양쪽 다리를 털어 준다.

❽ 양팔을 옆으로 쫙 편 다음 엉덩이를 앞으로 잘게 밀어 준다.

❾ 오른쪽 다리는 접고 왼쪽 다리는 옆으로 쭉 편다. 양손은 깍지 껴서 위로 올리고 몸을 늘이면서 양수에 파동을 준 다음
왼쪽 다리 쪽으로 살짝 틀어 상체를 숙인다. 다리를 바꾸어 4회 반복한다.

❿ 양손을 뒤쪽 바닥에 대고 한쪽 다리를 45도 정도 올렸다
내리기를 4회 반복한다.

⑪ 등을 바닥에 대고 누운 상태에서 오른쪽 다리를 구부려 올려서 양손으로 잡고 지그시 누르며 가슴 쪽으로 당긴다. 다리를 바꾸어 4회 반복한다.

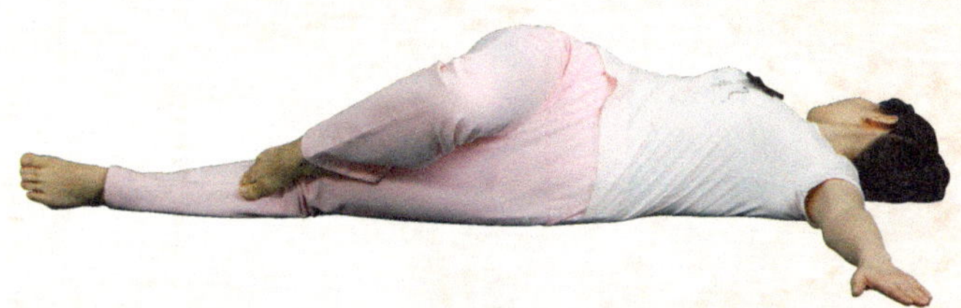

⑫ 한쪽 발을 들어 반대쪽 무릎 위에 대고 바닥에 무릎이 닿는 느낌으로 내리면서 허리를 틀어 준다. 이때 시선은 반대 방향을 본다. 다리를 바꾸어 4회 반복한다.

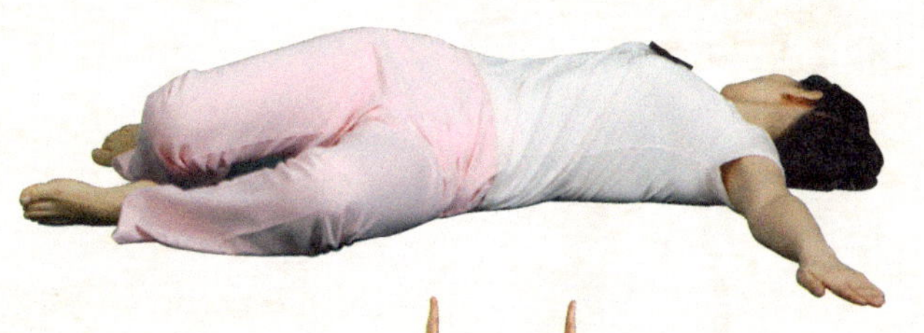

⑬ 바닥에 누워서 무릎을 어깨너비로 벌려 세운다. 한쪽 방향으로 두 다리를 눕히고 반대쪽 무릎 안쪽이 바닥에 닿는 느낌으로 지그시 눌러 준다. 반대 방향으로 한 번 더 해 주기를 4회 반복한다.

⑭ 한쪽 다리를 앞으로 내밀며 무릎은 굽히고, 양손을 머리 위로 올려 귀 옆에 붙인 상태에서 앞으로 밀어 주기를 4회 반복한다.

분만을 도와주는 볼 체조 : 준비 운동

공의 부드러운 곡선을 이용한 볼 체조는 임산부 전용 볼을 이용해 산모들이 편안하고 안전하며 무엇보다도 재미있게 할 수 있다. 임신기에 무거워진 몸 때문에 소홀해지기 쉬운 운동을 꾸준히 할 수 있어 근육 및 관절 운동과 평형 감각을 잡아 주고 몸의 균형과 자세를 올바르게 유지하도록 도와준다. 또한 출산 바로 전에는 감통 효과까지 얻을 수 있다. 단, 임신 20주 이후부터 시작하는 것이 안전하다.

❶ 먼저 "아가야, 엄마랑 재미있게 볼체조 하자." 하고 말한다. 공 위에 다리를 벌리고 앉아 팔을 크게 돌린다.

❷ 코로 숨을 깊게 들이쉬고 입으로 숨을 깊게 내쉰다. 들숨에는 배가 빵빵해지고 날숨에는 홀쭉해진다. 이어 괄약근과 질 근육을 배꼽을 향해 천천히 조여 올린 상태에서 4초 동안 멈추고 다시 천천히 풀어 주기를 5회 반복한다.

❸ 공 위에 앉아 손은 양쪽 무릎 위에 얹어 놓는다. 엉덩이를
살짝 들면서 공을 팅긴다. 점점 강도를 세게 하며 10회 반
복한다.

❹ 목을 앞뒤 양옆으로 기울고 돌리면서 목 관절을 풀어 준다.

❺ 양손을 어깨 위에 천사 날개 모양으로 올린 다음 최대한
크게 원 그리기를 4회 반복한다.

분만을 도와주는 볼 체조 : 팔 운동

❶ 볼 위에서 가볍게 엉덩이를 튕기면서 왼손은 허리에 오른팔은 쭉 뻗어 위로 올린다. 팔을 바꾸어 4회 반복한다.

❷ 볼 위에서 가볍게 엉덩이를 튕기면서 양손과 손목을 직각으로 만들어 손끝이 양옆 바깥을 향하게 하여 1회, 안쪽을 향하여 1회씩 흔든다. 같은 동작을 4회 반복한다.

❸ 오른손과 왼손을 차례로 앞으로 쭉 뻗었다가 주먹 쥔 상태에서 양팔을 당겨 가슴을 확장하면서 옆구리 선에 갖다 댄다. 양팔을 위로 올려 같은 동작을 4회 반복한다.

❶ 양손을 주먹 쥐고 팔을 양옆으로 굽혀 벌린 다음
다시 앞으로 모아주는 동작을 4회 반복한다.

❷ 가슴 앞에서 팔꿈치와 손바닥을 마주 댄 다음 위로
올렸다가 내리기를 4회 반복한다. 이때 팔꿈치가 떨
어지지 않도록 주의한다.

❸ 양손을 깍지 껴서 가슴 앞으로 내밀고 고개를 숙이
면서 등 근육을 동그랗게 만든 자세를 5초 동안 유
지한다. 시선은 배를 바라본다.

❹ 양손을 등 뒤로 깍지 껴서 고개를 뒤로 젖히며 팔을
위쪽으로 올려 준 자세를 5초 동안 유지한다. 시선
은 위를 바라본다.

분만을 도와주는 볼 체조 : 다리 운동

❶ 편안한 자세로 바닥에 누워 공 위에 다리를 올려 놓는다. 다리로 공을 20회 두드린다.

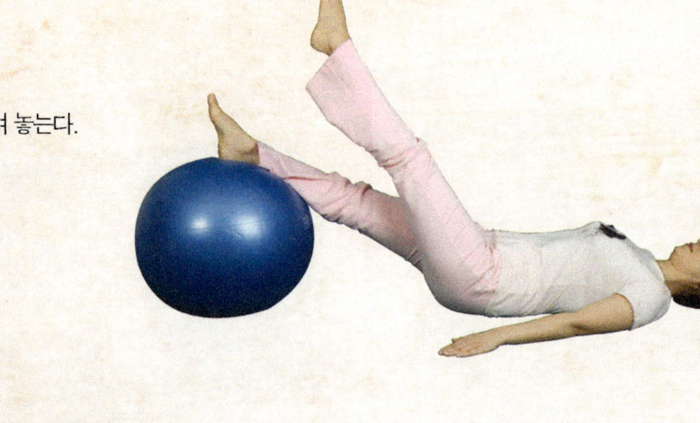

❷ 발바닥을 공의 위쪽에 대고 무릎을 굽히며 공을 엉덩이 쪽으로 당겼다가 다시 무릎을 편다. 같은 동작을 4회 반복한다.

❸ 발바닥으로 공의 옆쪽을 잡고 무릎을 굽히며 공을 엉덩이 쪽으로 당겼다가 다시 무릎을 편다. 같은 동작을 4회 반복한다.

④ 발바닥으로 공의 옆쪽을 잡고 공을 좌우로 움직인다.
같은 동작을 4회 반복한다.

⑤ 양팔을 어깨와 수평이 되도록 벌리고 발바닥으로 공의
양 옆을 잡는다. 양발로 공을 지지한 채로 오른쪽 다리
가 왼쪽으로 넘어가도록 몸을 틀어 준다. 방향을 바꾸
어 같은 동작을 4회 반복한다.

⑥ 공의 양 옆을 발로 잡아 들어 올린다. 이때 무릎이 복
부 위쪽까지 올라오도록 한다. 같은 동작을 4회 반복
한다.

역아를 잡아 주는 자세

❶ 흉슬위 자세 : 배를 압박하지 않게 다리를 벌리고 무릎을 직각으로 세우고 엉덩이를 든다. 가슴은 낮추어 바닥에 붙인 자세를 2분 동안 유지한다. 같은 동작을 5회 반복한다.

❷ 브리지 자세 : 방석이나 쿠션을 20cm 정도 쌓아 허리를 받친 다음 천장을 보고 눕는다. 어깨와 발바닥은 바닥에 붙이고 무릎은 세운 자세를 10분 동안 유지한다.

❸ 허리 올린 자세 : 등을 바닥에 대고 누워 무릎을 세운 뒤 발을 어깨너비로 벌리고 발바닥을 골반 아래쪽으로 끌어당긴다. 허리를 높게 들어올렸다가 내리기를 20회 반복한다.

④ 합장합족 운동 : 똑바로 누워 두 손을 가슴 위에서 합장하고 무릎을 구부려 발바닥을 마주 붙이고 양 손과 발을 서로 밀고 당기는 자세를 5회 반복한다.

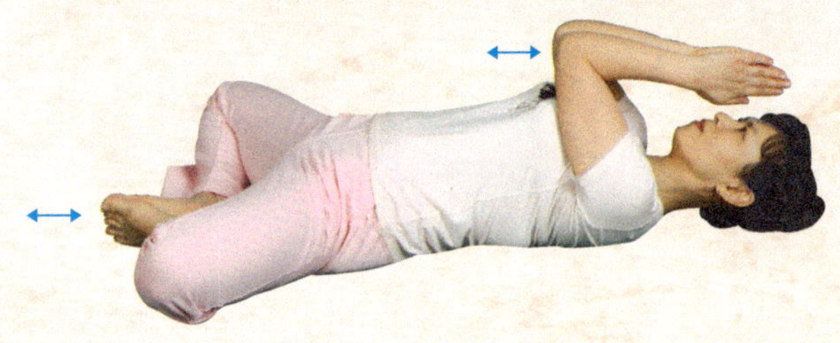

⑤ 고양이 자세 : 양손과 무릎을 바닥에 대고 등을 최대한 말아 올린다. 고개는 숙여서 5초 동안 배를 바라본다. 같은 동작을 4회 반복한다.

⑥ 반물구나무서기 : 두 발을 어깨너비로 벌리고 선다. 허리를 굽혀 의자를 잡고 5~10분 정도 자세를 유지한다.

⑦ 다리 올려 눕기 : 천장을 보고 편안하게 누워 의자 위에 발을 올려놓는다. 10분 정도 자세를 유지한다. 이때 의자는 무릎까지 충분히 걸쳐 놓을 수 있는 것을 고른다.

튼살 마사지

✹ 튼살을 보이고 싶어 하지 않으므로 조명을 약간 어둡게 하고 시작한다.
✹ 손에 오일을 바른다.

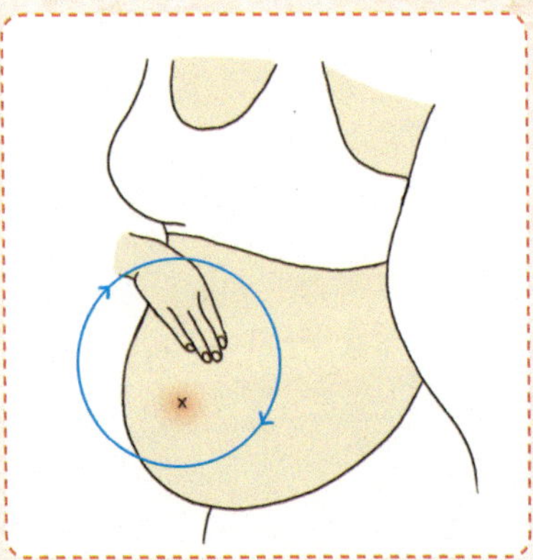

❶ 오른손 왼손을 번갈아 시계 방향으로 원을 그리듯
돌린다. 아랫배 부분에서 지그시 눌러 준다.

❷ 손바닥을 양 옆구리에 대고 아래에서 위로 쓸어 올린다.

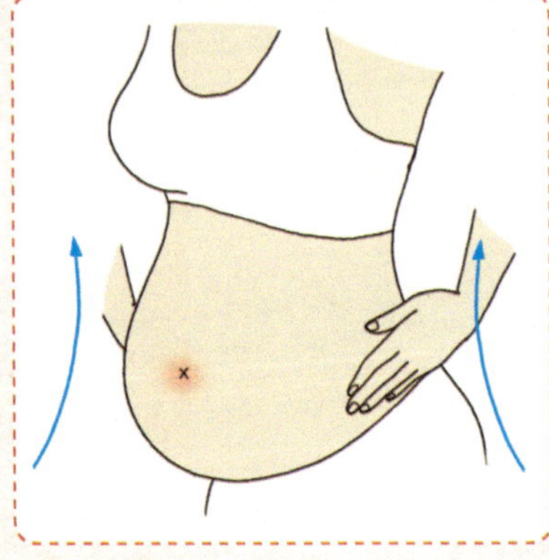

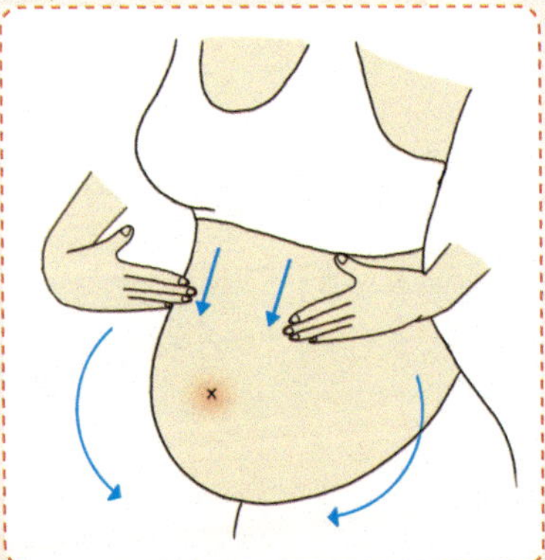

❸ 손을 배 윗부분(가슴 밑)에서부터 쓸어내리며 옆구리를
지나 아랫배까지 쓸어내린다.

❹ 두 손을 오른쪽 옆구리 등 쪽에 대고 배 쪽으로 쓸어
올린다. 왼쪽도 같은 동작을 반복한다.

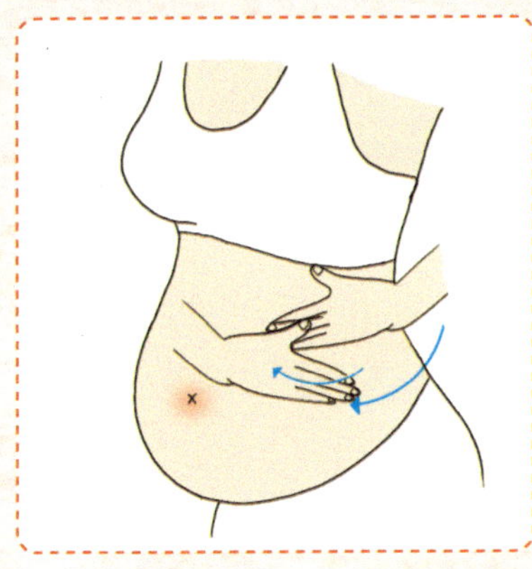

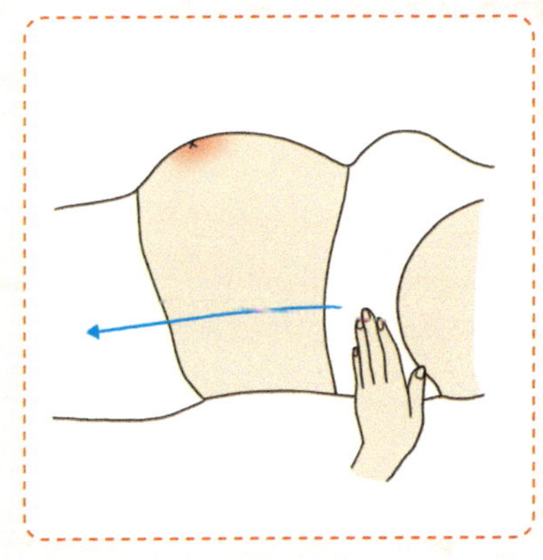

❺ 똑바로 누운 채로 겨드랑이 밑에서부터 옆구리 선을
따라 엉덩이까지 쓸어내린다.

❻ 양손 엄지를 중심으로 배 중앙에서 아래로 하트 모양을
그리며 쓰다듬으면서 마무리한다.

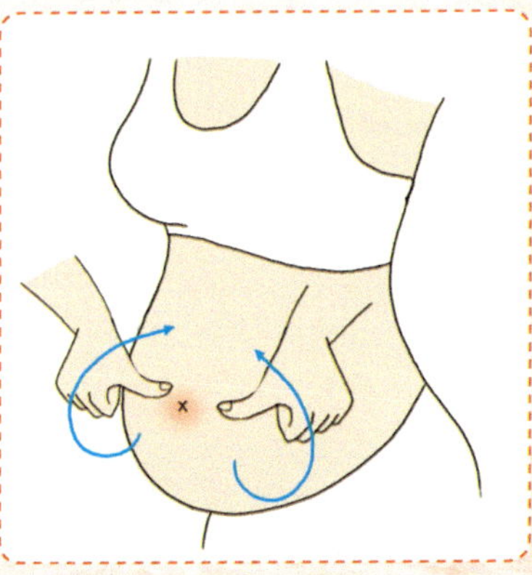

붓기를 없애 주는 발마사지

✵ 모든 마사지는 임신 20주가 지난 다음부터 시작한다.　✵ 손에 오일을 바르고 한다.

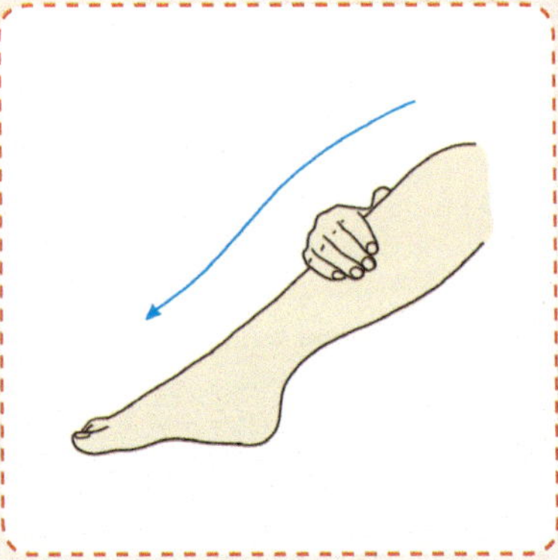

① 무릎 아래부터 종아리 부분을 손바닥으로 쓸어내린다.

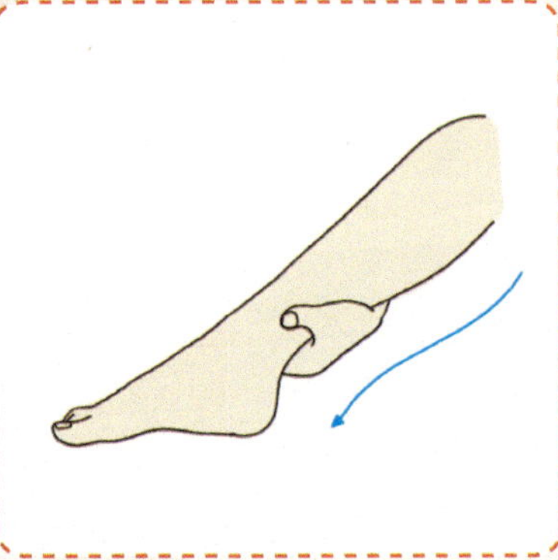

② 종아리 뒤쪽의 중심선을 손가락 끝으로 힘을 주어 쓸어내린다.

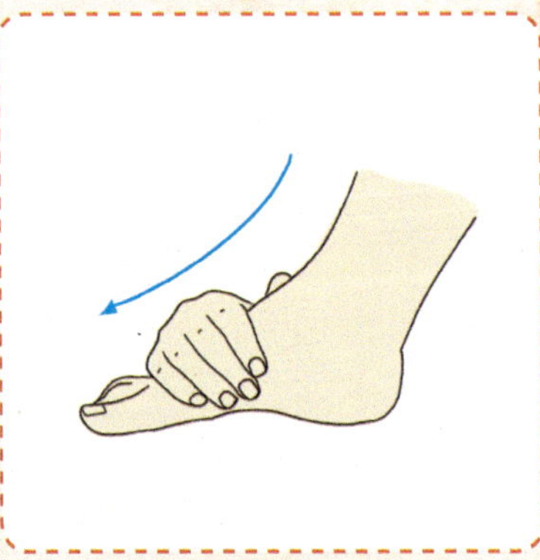

③ 발목 부분에서 발등을 손바닥으로 쓸어내린다.

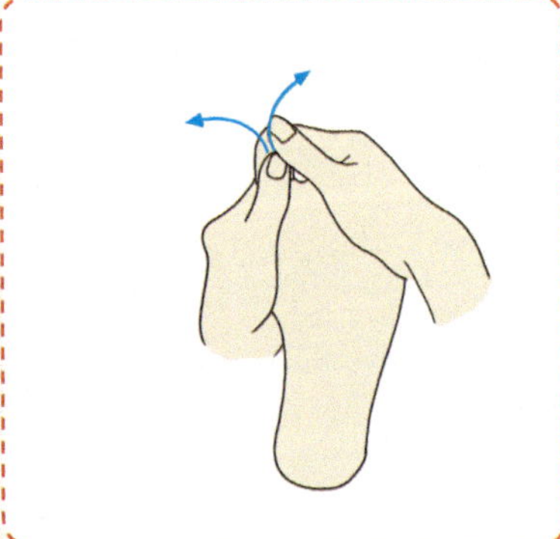

④ 엄지발바닥 중심부는 뇌하수체 부분에 해당한다. 양손 엄지손가락으로 발가락 가운데를 눌러 준 뒤, 발가락 아래에서 위쪽으로 밖을 향해 쓸어 준다. 모든 발가락을 같은 방법으로 마사지한다.

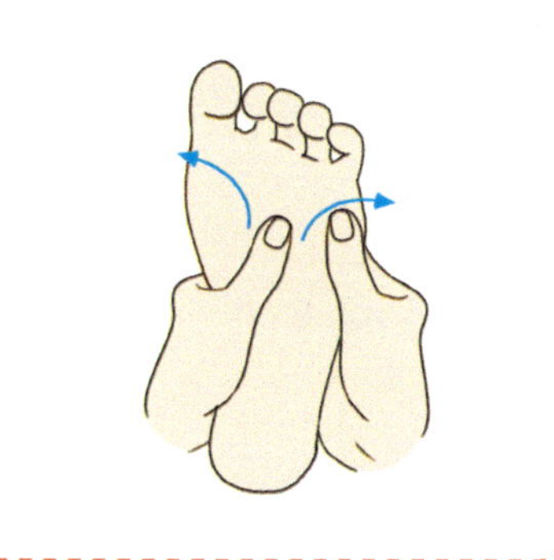

❺ 용천은 땅의 기를 받아 힘이 생기는 혈자리이다. 이곳을 엄지손가락으로 지압을 한 뒤 아래에서 위로, 안에서 밖으로 쓸어 올린다.

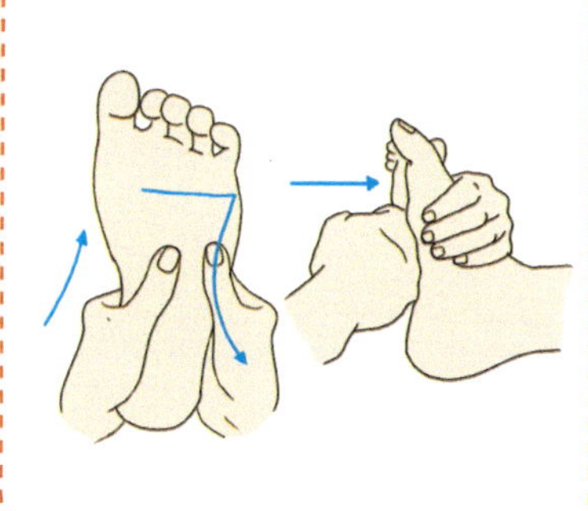

❻ 족궁 부분을 눌러 주면 소화가 잘된다. 양손 엄지손가락으로 팔(八)자를 그리며 내려온다. 발바닥을 주먹으로 쳐 준다. 경혈점, 반사점이 자극되어 신진대사가 원활해진다.

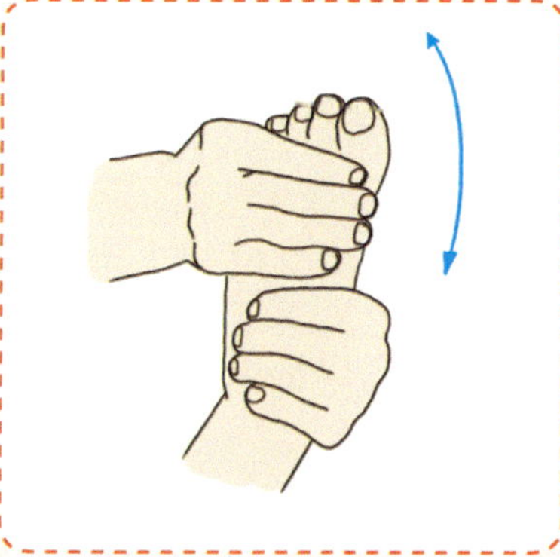

❼ 한 손은 발목을 잡고 다른 손은 발가락 전체를 잡은 뒤 천천히 앞으로 90도 꺾고, 반대쪽으로 90도 꺾어 준다.

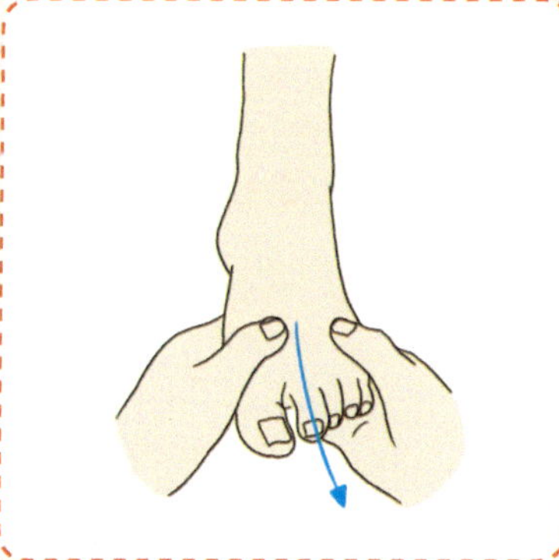

❽ 발가락을 하나씩 마사지한다. 양옆, 위아래를 꾹꾹 눌러 준다. 발톱 부분을 누르고 살짝 잡아 당겼다가 튕기듯이 놓는다.

깜찍한 꼭지 모자 만들기

알아두기

무늬가 없는 원단은 안면과 겉면의 구분이 없으나 설명의 편의상 안면과
겉면으로 구분하였습니다. 무늬가 있는 원단은 무늬가 있는 면이 겉입니다.

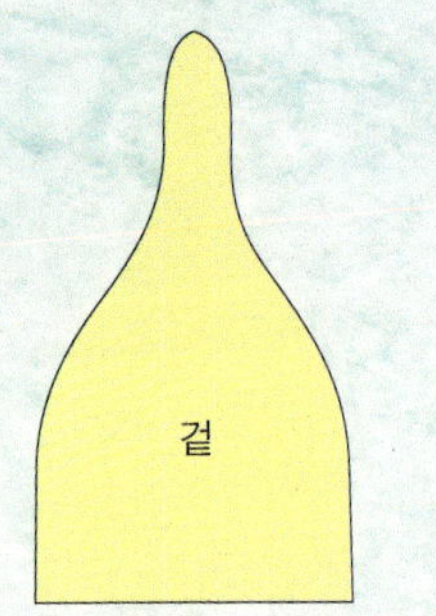

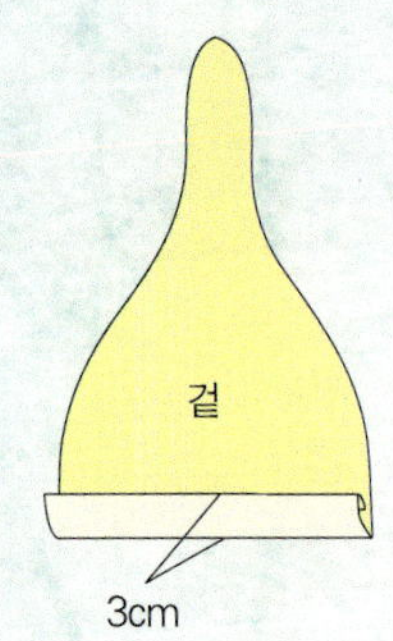

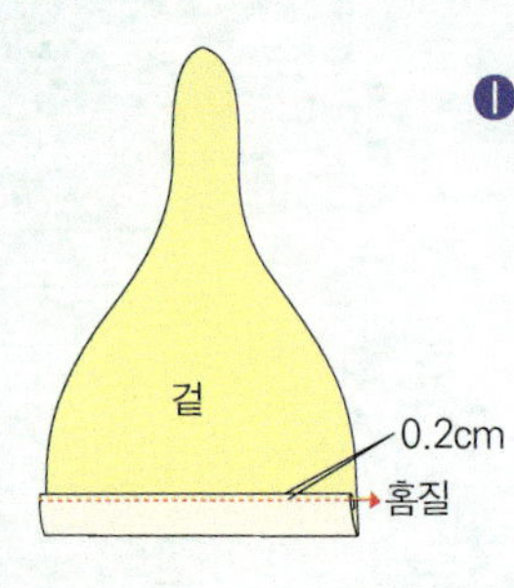

❶ 그림과 같은 순서로 밑단을 두 번
접어 홈질하세요. 같은 방법으로
두 장을 만들어 주세요.
홈질 바늘땀 길이 : 0.2~0.3cm

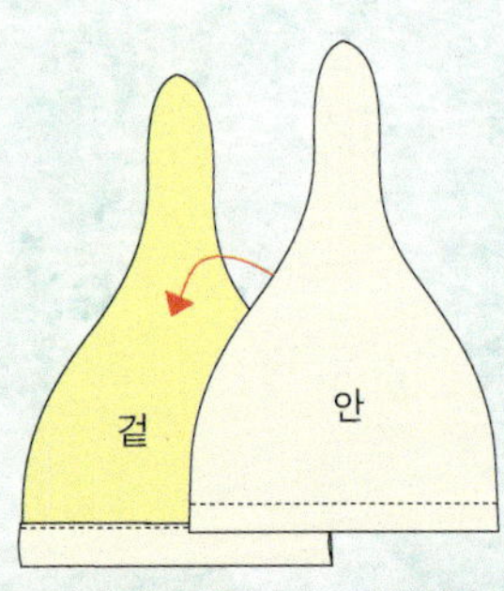
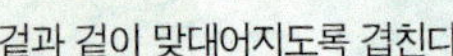

겉과 겉이 맞대어지도록 겹친다.

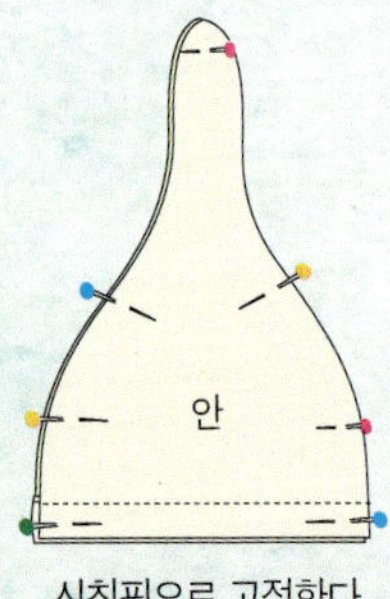

시침핀으로 고정한다.

❷ 모자 앞장과 뒷장을 맞대어 시침핀으로 고정해 주세
요. 바느질을 시작하기 전에 시침핀으로 천을 고정
시켜야 한쪽 면이 밀리지 않아요.

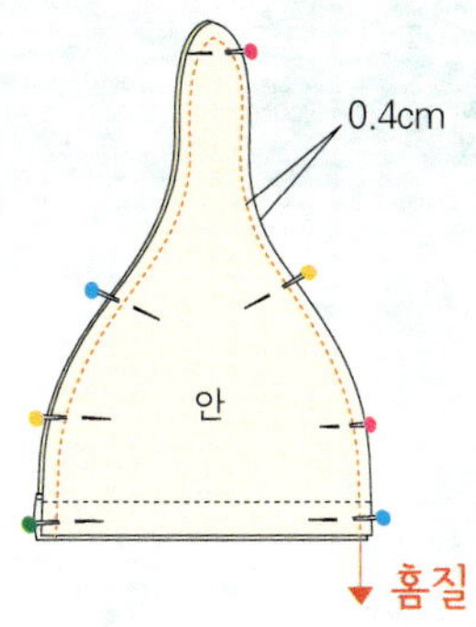

❸ 0.4cm 안쪽으로 홈질하세요.

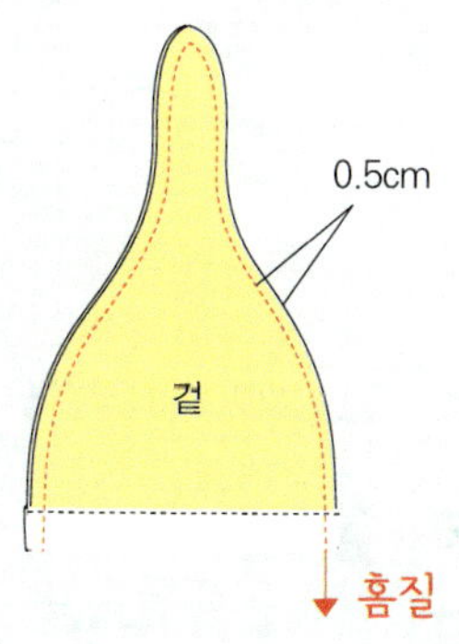

❹ 과정 ❸을 마친 뒤 뒤집어 주세요. 0.5cm 안쪽으로 홈질하여
마무리해 주세요.

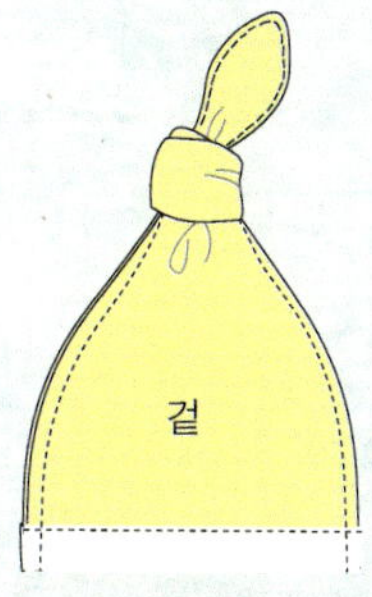

❺ 그림처럼 모자 윗부분을 묶어 매듭을 지으면 완성이에요.

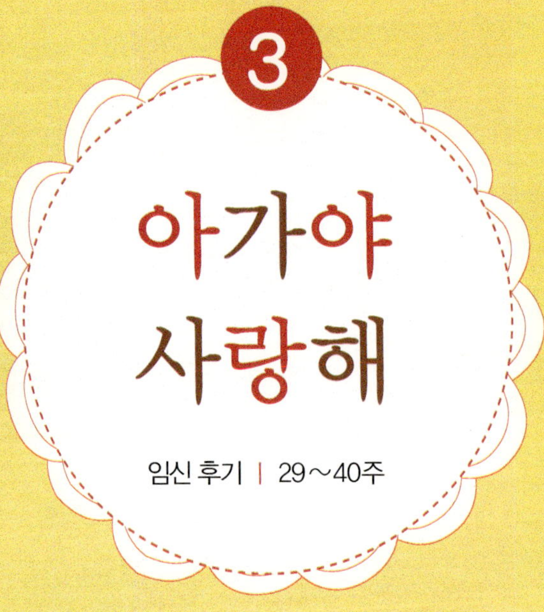

아가야 사랑해

임신 후기 | 29~40주

아가야,

깊고 깊은 산골짜기

맑은 샘터에 핀 예쁜 꽃처럼

이슬 먹고 자라난 풀잎들처럼

가녀린 너의 세포 하나하나에는

엄마 아빠의 사랑과 꿈 그리고 행복이

곱게 수놓아졌나 봐

그런 너를 어떻게 사랑하지 않을 수 있겠니?

사랑하는 엄마 아빠에게서
사랑받는 아기가 태어난다

임신 후기가 되면 아기를 낳을 때 필요한 근육을 만들며 엄마의 의지를 다잡아야 합니다. 순산 체조를 통해서 허리를 강화하고, 배의 힘을 키우기 위해 복근을 만들고, 질 근육 운동과 골반 확장 운동을 통해 하체를 강화시켜야 합니다. 산책을 나가 맑은 산소를 마시고 걷기 운동을 하면 늘어나는 체중을 효과적으로 조절할 수 있습니다. 이제 준비된 엄마의 몸과 함께, 세상에 나갈 준비를 마친 아기는 분만의 때를 기다리면 됩니다. 분만은 창조적인 순간입니다. 엄마 아빠의 280일 동안의 헌신적인 사랑으로 완성된 열매를 얻는 감격적인 날이기도 합니다. 이날을 위해 엄마 아빠에게 특별하고 따라 하기 쉬운 성공 분만법을 소개할까 합니다. 이것은 사랑을 더 사랑답게 하는 'S.T(soul tie) 감통 분만법'으로 엄마 아빠와 아기의 영혼이 하나가 되어, 출산에 임하는 분만법입니다. 이 장에 나오는 'S.T 감통 분만법'을 통해 아기와의 만남을 웃으면서 계획하고 연출해 보기를 바랍니다.

태교는 사랑이며, 사랑은 표현입니다. 아내가 가장 듣기 좋은 남편의 음성은 '도레미파솔라시' 7음 음계 중에 '솔' 음입니다. '솔' 음을 유지한 상태에서 마음을 담아 사랑을 표현해 보세요.

"여보야, 사랑해! 당신은 순산할 수 있어!"

남편의 격려를 받은 아내는 힘을 모아 아기를 한 방에 순풍 낳을 것입니다. 임산부는 해가 질 오후 시간이 되면 예민해집니다. 바로 이때 남편의 응원이 필요합니다.

"여보야, 먹고 싶은 거 있어? 내가 사 갈게!"

이렇게 사랑을 주는 남편에게 보답할 아내의 칭찬 한마디도 빼놓을 수 없습니다.

"역시 자기가 최고야! 우리 아가도 아빠를 꼭 빼닮았으면 좋겠다!"

남편과 함께 누워서 손을 잡고, 순산을 기대하며, 가장 아름다운 추억과 행복한 날들의 꿈을 이야기해 보세요. 이제 기다리고 기다리던 그날이 얼마 남지 않았습니다. 엄마의 길은 이제 시작이지만, 이 길은 엄마만이 걸어갈 수 있는 축복의 통로임을 기억하세요.

성품 태교의 기초 모델은
바로 엄마 자신이다

태교는 엄마와 아기는 한 몸, 한마음이라는 생명 공동체에서 출발합니다. 태교의 역사를 보면 태교를 가장 먼저 기록한 책은 성경이고, 태교를 가장 먼저 시작한 나라는 중국입니다. 영웅들이 나라를 이끌었던 춘추 전국 시대, 중국의 어머니들은 태교를 시작하는 첫날부터 자신이 먼저 영웅다운 행동을 했다고 합니다.

만일 내 몸에서 태어나는 아이가 모든 사람들을 가슴에 품고 건강한 영향력을 끼치는 인물로 성장하길 원한다면 태어나 처음으로 만나는 사람, 엄마의 영향력이 기초 모델이 된다는 사실을 기억해야 합니다. 태아는 엄마의 작은 행동과 사소한 생각까지도 기억하고 자신의 것으로 받아들이게 되니까요. 큰 변화는 언제나 작은 변화에서 시작됩니다. 마음과 생각 속에 변화된 작은 성품은 세상과 아기를 움직이는 힘이 됩니다.

미국의 심리학자인 윌리엄 제임스는 '우리 세대의 가장 위대한 발견은 인간이 자기 마음가짐을 바꿈으로써 인생을 바꿀 수 있다는 진리를 발견하는 것이다.'라고 했습니다. 윌리엄의 말처럼 보이는 모든 것들은 보이지 않는 성품에서 만들어집니다. 태아의 성품은 그냥 만들어지는 것이 아니라 엄마의 성품과 자궁 내 환경에서 이루어진다는 것을 명심해야 합니다. 2000년이 되면서 '실력의 시대는 지고 성품의 밀레니엄이 밝아 오고 있다.'고 했습니다. 실력은 기본이고 성품이 인생을 성공으로 인도한다는 것이지요.

태아의 감각 가운데 가장 먼저 발달하는 것이 청각입니다. 1, 2개월의 태아라도 엄마의 기분을 느낄 수 있습니다. 엄마의 즐거운 목소리가 느낌으로 전달되어 태아에게 안정감을 줍니다. 태아가 3개월이 되면 소리를 전하는 기관이 만들어져 주변 소리를 듣기 시작합니다. 소리를 전하는 속귀가 어린이와 같은 수준까지 발달하는데, 학자들에 따르면 이 시기에 무엇인가 기억했던 추억들이 발견된다고 합니다.

5개월이 지나면 태아는 엄마의 목소리를 듣고 콧노래를 부릅니다. 또한 엄마의 심장 박동 소리나 자궁 내에서 피가 흐르는 소리와 엄마의 목소리를 구별할 수 있습니다. 이 시기에는 소리보다는 리듬에 더욱 민감하게 반응하여 엄마의 심장에서 들려오는 높고 낮고 빠르고 느린 소리 리듬을 통해서 엄마의 정서와 기분까지 알아차리고 반응합니다.

이때 성품 태교를 위해 꼭 지켜야 할 약속의 소리가 있습니다. 태아에게 하는 말을 구별해 주는 것입니다. 이야기를 시작하기 전, 태명을 불러 태아가 정체성을 찾도록 도와주어야 합니다.

엄마의 정서에 따라서 태아의 기억 세포가 만들어집니다. 나무에는 나이테라는 것이 있어서 그곳에 나무의 일생이 기록되어 있습니다. 마찬가지로 임신

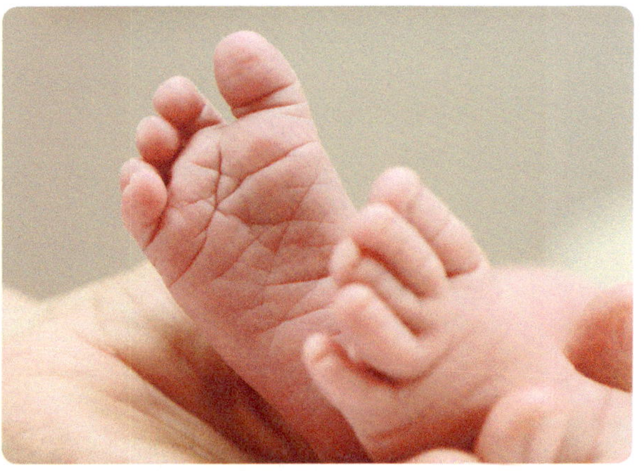

중에 엄마 아빠의 정서는 태아의 기억에 기록되어 그 아이의 성품을 결정하게 됩니다.

성품 태교는 아빠의 생명 씨앗과 엄마의 생명 주머니를 만드는 것에서 출발합니다. 준비된 아빠와 엄마 사이에서 생긴 태아는 아빠와 엄마의 이야기를 통해 준비 과정을 마치고 본격적인 마음의 여행에 참여하게 됩니다. 가만히 귀 기울인 아기에게 엄마 아빠의 마음을 전달해 볼까요?

"아가야, 엄마 아빠에게는 여러 마음이 있었단다. 좋고 행복한 마음은 너에게도 주고 싶구나. 그러나 나쁘고 걱정하는 마음은 너에게 주고 싶지 않단다."

엄마 아빠 안에 나무의 나이테처럼 숨어 있는 마음을 열어 아기에게 들려 주고 싶은 것과 주고 싶지 않은 것을 대화를 통해서 전해 주세요.

마음을 탐구하는 것은 변화와 성숙을 만들어 갑니다. 마음에 안정감이 있는 아이는 평생 그 부모의 축복이고 선물입니다. 아무 노력도 없이 훌륭한 성품을 지닌 아기가 태어나기는 힘듭니다. 성품은 엄마 아빠의 노력으로 만들어지는 것입니다. 성품을 만들어 가는 데 가장 큰 영향력을 끼치는 것은 바로 대화입니다.

이렇게 해 보세요!

1. 태아를 포함한 모든 사람의 청각 신경이 가장 활발하게 활동하는 시간은 오후 8시~10시 사이입니다. 이때 엄마 아빠가 태담을 통해서 성품 태교를 실천해 보세요.

2. 각 장에 실린 태담 동화와 동시를 읽으면서 아기에게 자신이 얼마나 소중하고 특별한 존재인지 엄마 아빠의 다정한 목소리로 들려주세요.

독서 태교

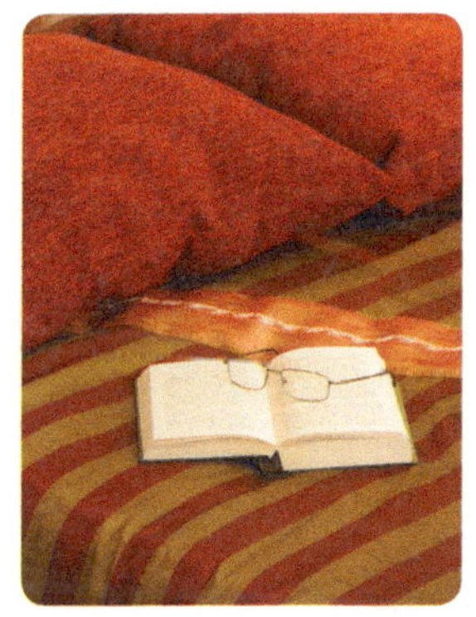

소중한 아기를 몸과 마음에 품은 산모들에게 꼭 필요한 것이 태교라면 그중에서도 무엇보다도 독서 태교를 권하고 싶습니다. 누군들 훌륭하고 건강한 아기를 출산하고 싶지 않겠습니까? 그러나 삶에 부대끼며 몸과 마음이 지치고 힘들다 보면, 또한 크고 작은 일들 속에 파묻히다 보면 아기를 위해 조용한 시간을 마련하기가 쉽지 않지요. 그래서 아기를 위해, 그의 미래의 소중한 꿈과 잠재력을 활짝 꽃피워 내기 위해 엄마 아빠가 함께할 수 있는 멋진 독서 태교의 세계로 안내하고자 합니다.

슈러즈는 독서의 세계에 빠지면 세 가지 원리를 경험할 수 있다고 했습니다. 첫 번째는 작품 속의 주인공 또는 등장인물과 자신을 동일화하는 원리이고 두 번째는 무의식 속에 억압된 감정의 응어리를 행동이나 말을 통하여 발산함으로써 정신의 균형과 안정을 회복하는 카타르시스의 원리입니다. 세 번째는 자기 자신의 문제에 대해 올바르고 객관적인 인식을 얻는 것으로 카타르시스 다음에 나타나는 깨달음과 통찰의 원리입니다.

독서 태교는 아기를 우주의 광활한 세계로 안내하는 멋진 이정표가 될 것입니다. 하루 30분 정도 시간을 내어 엄마 아빠가 함께하는 독서 태교는 아기가 태어나기 전에 먼저 우주의 지성과 감성을 느껴 보는 놀라운 경험이 될 것입니다.

독서는 개인적이고 내면적인 활동입니다. 독서는 개인을 새로운 세계로 이끌어 주며 사고력을 향상시켜 주기도 합니다. 마치 맑은 생수의 강물이 흘러가도록 길을 열어 주는 내면의 통로와도 같은 것이지요. 그런 의미에서 독서 태교는 의식의 지평을 열어 무한한 우주 세계로 이끄는 안내자라고 할 수 있습니다. 그 길동무로 아기를 초대해 함께 하늘의 울림을 전하고 느끼면서 독서가 주는 행복을 누려 보세요.

엄마가 상상하면 아기도 상상합니다. 엄마의 뇌 자극이 아기의 뇌 자극으로 직결되기 때문에 태중에서부터의 훈련은 매우 중요합니다. 많은 임산부들이 '출산 뒤에 시작하면 되겠지.' 하고 생각하는데 한시도 가만히 있지 않는 아기에게 책을 읽어 주기란 쉽지 않습니다. 그렇기에 엄마가 태아에게 자신의 생각을 마음껏 들려줄 수 있는 가장 좋은 시간은 임신 기간이랍니다.

엄마는 태교를 하면서 그림이나 글을 말로 실감나게 표현하는 훈련을 하고 태아는 이것을 듣고 상상하는 훈련을 합니다. 태중에 있을 때부터 독서를 하면 서로의 깊은 유대감을 형성하고 뇌 자극을 통해 똑똑한 엄마와 아기가 되는 것입니다. ☺

서로의 마음을 잇는 독서 태교법

1. 내 속에 있는 여러 가지 모습을 하나로 일치시켜 보세요. 그리고 내면 깊이 숨어 있는 슬픔, 아픔, 절망, 분노, 아쉬움, 안쓰러움, 놀람, 고독함, 쓸쓸함, 그리움, 희망, 기쁨, 감사, 따스함, 정겨움, 두근거림 등 이런 감정을 충분히 느껴 보세요.

2. 부정적인 감정도, 긍정적인 감정도 내 안에서 나에게 던져 주는 사랑스런 신호음이라 생각하고 충분히 음미하며 그 속에 머물러 보세요.

3. 그래서 나를 충분히 들여다보고 느꼈다면 맑은 마음으로 뱃속에 있는 신비스럽고 소중한 아기에게 조용히 글을 읽어 주세요. 꿈을 꾸듯 마음과 언어로 속삭여 주되, 너무 크지도 작지도 않은 나직한 목소리로 영혼의 울림을 들려주세요.

4. 평소 자신이 좋아하던 책이나 글귀를 읽어 주어도 좋습니다. 신문 한 귀퉁이의 오늘의 시 한 편, 성경의 시편과 잠언들, 윤동주 시인의 〈하늘과 바람과 별과 시〉 등 삶의 깊은 성찰이 담긴 아름다운 시들도 독서 태교의 좋은 소재가 됩니다.

당신의 자녀들은

:: 칼릴 지브란 〈예언자〉 가운데 ::

당신의 자녀들은 당신의 것이 아닙니다.
그들은 생명 자체의 갈망이 낳은 아들과 딸입니다.
그들은 그대를 거쳐 태어났을 뿐,
그대로부터 온 것이 아닙니다.

당신이 자녀들에게 사랑을 줄 수는 있지만,
생각을 줄 수는 없습니다.
그들 스스로의 생각을 가지고 있기 때문입니다.

당신은 자녀들의 육체를 위한 집을 제공해 줄 수는 있어도
영혼을 위한 집을 제공해 줄 수는 없습니다.
그들의 영혼은 당신이 꿈속에서마저도
찾아갈 수 없는 내일의 집에 살고 있기 때문입니다.

당신이 자녀들처럼 되려고 노력하는 것은 좋지만
자녀들을 당신처럼 만들려고 하지는 마십시오.
삶이란 뒷걸음쳐 가는 법이 없으며
어제에 머물러 있는 것도 아니기 때문입니다.

당신은 활이고 당신의 자녀들은 살아 있는
화살로서 당신으로부터 쏘아져 날아갑니다.
활을 당기는 당신의 손에 기쁨이 있을지어다.

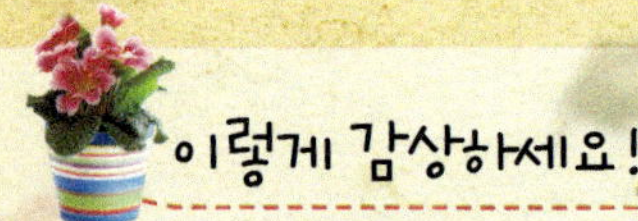

칼릴 지브란의 〈당신의 자녀들은〉을 몇 번이고 고요히 되새겨 보세요. 그리고 천천히 소리 내어 읽으면서 아기에게 시를 읽어 준다고 의식하지 말고 엄마 아빠가 먼저 글 속으로 빠져들어 보세요. 엄마 아빠이기 이전에 내 존재의 신비를 깊이 느끼며 그 안에서 나를 가장 소중하고 사랑스러운 존재로 두 팔 벌려 가만히 보듬어 안아 보세요. 한동안 그 자리에 머물러 두 팔로 자신의 가슴을 보듬어 안고 있으면 송글송글 세포마다 전해져 오는 온기와 정겨운 사랑의 물결을 느낄 수 있을 거예요.

함께 있되 거리를 두라

:: 칼릴 지브란 ::

함께 있되 거리를 두라.

그래서 하늘 바람이 너희 사이에서 춤추게 하라.

서로 사랑하라. 그러나 사랑으로 구속하지는 마라.

그보다 너희 혼과 혼의 두 언덕 사이에 출렁이는 바다를 놓아 두라.

서로의 잔을 채워 주되 한쪽의 잔만을 마시지 마라.

서로의 빵을 주되 한쪽의 빵만을 먹지 마라.

함께 노래하고 춤추며 즐거워하되 서로는 혼자 있게 하라.

마치 현악기의 줄들이 하나의 음악을 울릴지라도 줄은 서로 혼자이듯이.

시로의 가슴을 주라. 그러나 서로의 가슴속에 묶어 두지는 마라.

오직 큰 생명의 손길만이 너희의 가슴을 간직할 수 있다.

함께 서 있으라. 그러나 너무 가까이 서 있지는 마라.

사원의 기둥들도 서로 떨어져 있고

참나무와 삼나무는 서로의 그늘 속에선 자랄 수 없다.

이렇게 감상하세요!

엄마와 아기는 탯줄로 연결되어 있지만 둘 사이에는 일정한 거리가 있습니다. 자궁 안의 세계와 엄마의 일상은 가까워졌다가 멀어졌다 하며 유동적으로 간격을 유지합니다. 만나고 헤어지고, 함께 얘기하고, 마음을 나누다가 잠들고, 조용히 어루만지며 축복하다가 또한 일상의 많은 일들 속에 파묻혀 분주히 사는 삶은 함께 걸어가지만 신비한 거리 속에 조화를 이루고 있는 것이지요.

아가야 잘 들어 보렴

:: 신현태 ::

너무도 사랑하는 아가야!
엄마 아빠는 너를 부를 때마다
너무나 감사하고 기쁘고 고마워서
주르륵 눈물이 흐르는구나!
너는 우리들에게 주신 하늘의 선물이란다.

너를 갖고부터
세상이 달라졌지 뭐니!
엄마 아빠가 드디어 부모가 되어 간다니
너로 인해 세상을 새롭게 보게 되는구나!

아가야! 사랑스런 아가야!
꿈꾸듯 고운 마음으로 꼼지락거리면서
자궁 안 몸의 세계를 이곳저곳 탐험하고 있겠지
아가야
아빠는 널 보려고 어찌나 설레는지
종종 걸음으로 달려와 너에게 귀를 기울이시네

엄마는 너를 위해 맛난 것 많이 먹고 있단다.

널 위해서라면 어떤 음악도 어떤 책도 어떤 음식도

고르고 골라서, 빛깔 고운 은빛 무지개로 만들어

그 모든 걸 너에게 선물로 주고 싶단다

아가야, 잘 들어 보렴!

우주 교향악의 합창 소리로

너를 주신 하나님께

찬양을 드리고 싶구나.

사랑한다 아가야

사랑한다 아가야

하루 종일 내내

엄마 아빠의 사랑의 신호음을

마음속에 꼬옥 꼭 감지하고 있겠지!

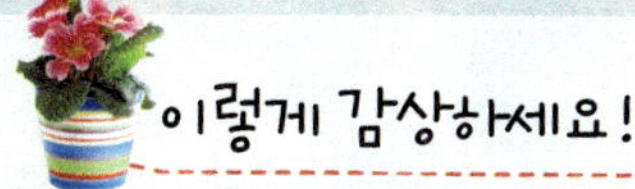

글과 책의 매체를 통해 미처 무엇으로도 표현하지 못하는 고운 마음과 물결처럼 여울져 흐르는 사랑의 마음을 담아 아기에게 이 시를 들려주세요.

임신 기간에 따른 독서 태교법

임신 초기

임신 초기에는 임신부에게 뚜렷한 신체의 변화는 없지만 평상시와는 분명 다른 느낌이 있습니다. 특히 입덧과 유산의 위험이 있는 시기이므로 무엇보다 임신부의 안정이 가장 중요합니다. 그러므로 책을 읽을 때는 몸과 마음이 편안해지는 주변 환경을 만들어 주는 것이 좋습니다.

어떤 책을 읽어야 할까 고민하는 임신부들이 많은데 이때는 자신이 좋아하는 분야의 책을 골라도 무리가 없습니다. 임신 초기는 태아의 모든 기관이 생성되기 시작합니다. 태아의 청각도 아직 완성되지 않아 진동으로 소리를 느끼는 정도입니다. 임신부에게는 초기에만 느낄 수 있는 특별한 행복감이 있답니다. 그러므로 꼭 아기의 눈높이에 맞는 책보다는 엄마가 더욱 행복해질 수 있는 밝고 따뜻한 내용의 책을 읽으며 몸과 마음을 안정시키는 것이 좋습니다.

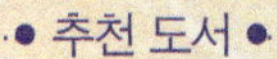

● 추천 도서 ●

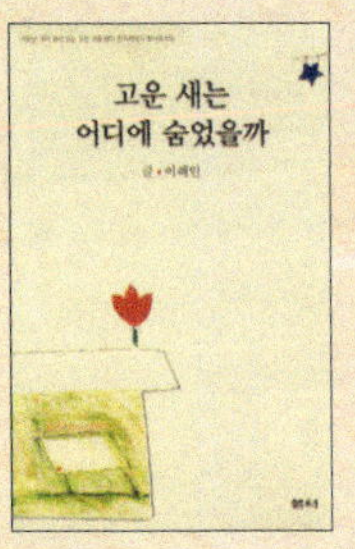

| 꽃들에게 희망을 | 고운 새는 어디에 숨었을까 | 아낌없이 주는 나무 | 태교 동화 태담 놀이 |

임신 중기

임신 중기에는 태아의 청각이 발달하여 외부의 소리를 듣기 시작합니다. 외부 자극이 태아에게 직접 전달되기도 합니다. 임신부는 유산의 위험에서 벗어나고 입덧이 끝나서 몸과 마음이 좀 더 편안해집니다.

이 시기는 태동을 느끼면서 아기에게 엄마가 알고 있는 재미있는 이야기를 들려주거나, 엄마가 즐겁게 책을 읽어 주면 좋습니다. 엄마의 목소리와 책의 내용에 따라 엄마의 뇌에 전해지는 자극이 고스란히 아기의 뇌에 영향을 주어 태아도 엄마와 같은 느낌을 갖습니다. 그러므로 책을 고를 때는 엄마가 아기에게 들려주고 싶은 이야기를 선택하여 즐거운 마음으로 읽어 주고, 말로는 충분하게 표현하기 어려웠던 마음이나 생각들, 닮고 싶은 인물의 행동이나 성품, 내 아기에게 꼭 가르쳐 주고 싶은 것이 있다면 책의 내용을 통해 표현해 보세요. 그림을 보고 엄마의 목소리로 묘사해 주는 이야기도 아기의 뇌에 자극을 주어 뇌 활동을 활발하게 도와줍니다. 좋은 색채와 잘 그려진 그림이 있는 책을 고르는 것도 좋은 방법입니다.

● 추천 도서 ●

행복한 육아 아이디어 노트

쿠키 한 입의 인생 수업

사랑해 사랑해 사랑해

달님 안녕

임신 후기

임신 후기에는 태아의 뇌세포가 놀라울 정도로 증가하고 기억력이 많이 생성되는 시기입니다. 청각이 거의 완성되어서 외부의 소리도 잘 들을 수 있습니다. 그러므로 이때는 아기와 마주 보고 이야기를 나누는 것처럼 책을 읽는 것이 좋습니다. 의성어나 의태어가 잘 표현된 책을 골라 동작으로 표현하며 등장인물의 성격에 따라 실감나게 읽어 주면 더욱 효과적입니다. 엄마나 아빠의 목소리에 집중하고 있을 아기를 생각하면서 형용사나 부사어 하나라도 생동감 있게 읽어 주세요.

● 추천 도서 ●

곰 사냥을 떠나자

사과가 쿵

구름빵

우리 아빠가 최고야

모유 수유

모유는 아기를 위한 엄마의
맛있는 선물이다

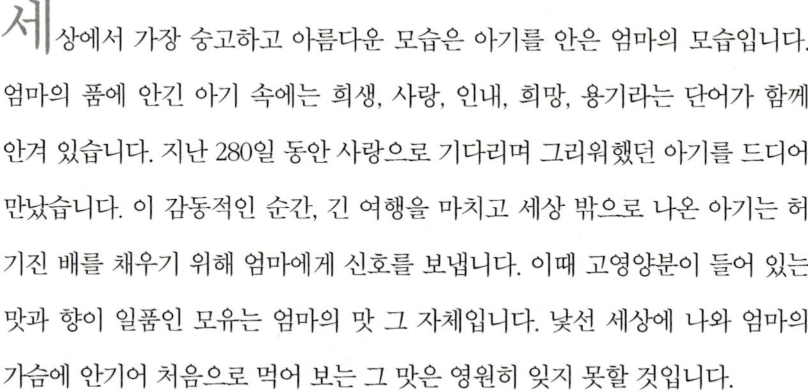

세상에서 가장 숭고하고 아름다운 모습은 아기를 안은 엄마의 모습입니다. 엄마의 품에 안긴 아기 속에는 희생, 사랑, 인내, 희망, 용기라는 단어가 함께 안겨 있습니다. 지난 280일 동안 사랑으로 기다리며 그리워했던 아기를 드디어 만났습니다. 이 감동적인 순간, 긴 여행을 마치고 세상 밖으로 나온 아기는 허기진 배를 채우기 위해 엄마에게 신호를 보냅니다. 이때 고영양분이 들어 있는 맛과 향이 일품인 모유는 엄마의 맛 그 자체입니다. 낯선 세상에 나와 엄마의 가슴에 안기어 처음으로 먹어 보는 그 맛은 영원히 잊지 못할 것입니다.

모유 수유를 성공하기위해서는 출산 전 모유 수유에 대한 준비와 교육이 필요합니다. 산후 1~2주 안에 모유 수유 성패가 달린 만큼 모유 수유에 대한 어려움이 생겼을 때 이를 극복하려는 엄마의 의지와 주변 사람들의 응원이 필요하답니다. 모유 수유의 효과와 성공 노하우를 통해 '엄마 젖 먹이기'에 꼭 성공하세요.

최고의 보약으로 건강의 기초를 다져요

초유에는 평생 건강을 좌우하는 면역 글로불린과 뇌 발달을 돕는 타우린, 병균을 잡아먹는 대식 세포, 단백질, 비타민 A가 풍부해 태변 배출을 돕고 황달을 예방해 줍니다. 또한 영양분이 골고루 들어 있어 설사, 폐렴, 호흡기 질환과 중이염 등 각종 질환으로부터 보호해 주고 알레르기, 소아 당뇨 예방 효과도 높습니다. 또한 모유는 최고의 보약입니다. 엄마의 생명인 혈액으로 아기의 성장 주수에 맞게 필요한 영양소가 만들어지기 때문이지요. 초유를 먹는 동안 푸른

색 설사 같은 변을 볼 수 있지만 색깔은 중요하지 않으며 태변의 농도가 중요합니다. 또한 젖을 빨면 턱의 성장 발달을 돕고 충치를 막아 줍니다.

지능 지수와 감성 지수가 높아져요

영국에서 나온 보고서에 따르면 모유를 먹은 아기가 그렇지 않은 아기에 비해 지능 지수가 10 정도 더 높으며 지구력이 증가된다는 발표가 있습니다. 엄마의 가슴에 안긴 아기는 자궁에서 느꼈던 엄마의 심박동 소리를 들으며 편안함을 느끼고 감성 지수가 쑥쑥 높아지는 것이지요 .

엄마의 사랑 속에 안정감을 느껴요

엄마의 품에 안긴 아기는 최고의 안정감을 누리며 애착 관계를 형성하는데 이러한 관계를 라포르(rapport: 마음이 서로 통한다)라고 합니다. 모유는 아기를 건강하게 키워 주는 샘물입니다. 엄마와 태아가 하나가 되었다는 일체감은 서로의 관계를 더 끈끈하게 발전시킬 것입니다.

출산 뒤 몸매 관리가 필요 없어요

아기에게 젖을 빨리면 엄마의 몸속에서 옥시토신이 분비되어 자궁을 수축시키는데 이것은 산후 출혈을 예방합니다. 또한 유방암이나 난소암의 위험을 줄이고 빠른 산후 회복과 자연 피임에도 효과적입니다. 그리고 열량 소모가 많아 산모의 체중 감소에 큰 도움이 됩니다. ☺

Key Point

이렇게 해 보세요!

1. '나는 모유 수유에 성공할 수 있다!'는 구호를 아침마다 세 번씩 외칩니다. 고백이 씨앗이 되어 모유 수유의 열매를 맺게 될 것입니다.

2. 젖에도 맛있는 젖과 맛없는 젖이 있습니다. 맛있는 젖을 만들기 위해 골고루 음식을 섭취해야 합니다. 음식에 따라 젖의 맛이 어떻게 달라지는지 직접 맛보면서 아기의 반응을 살펴보세요.

모유 수유의 성공 노하우

젖이 잘 나오게 하려면?

젖양을 늘리려면 아기가 태어나자마자 30분 이내에 젖을 물리고 아기에게 엄마의 유두를 인식시키는 것이 중요합니다. 그래서 산모와 아기가 한 방에서 지내는 모자동실을 사용하여 아기가 원할 때마다 수유를 하는 것이 좋습니다. 아기가 유방을 완전히 비우지 못하면 젖을 짜내 줍니다. 아기에게는 엄마 젖 이외에 다른 음식물을 주지 않으며 산모는 충분한 휴식을 취하고 적절한 음식과 수분을 섭취합니다.

아기가 잘 먹고 있을까?

모유를 충분히 먹었는지 다음의 현상들로 확인할 수 있습니다.

- ☐ 생후 1주일이 지난 아기의 소변은 하루에 6~8회 이상, 대변은 2~3회 이상이다.
- ☐ 한쪽 젖은 각 10~20분 정도 먹으며 하루에 10~12회 정도 먹는다.
- ☐ 젖을 먹을 때 아기의 관자놀이가 움직이고 두세 번 빨고는 삼키는 소리가 들린다.
- ☐ 수유를 하고 난 뒤 유방이 가벼워지고 아기가 잠을 잘 잔다.
- ☐ 아기의 체중이 3~4개월까지 매주100~200g씩 늘어난다.

양질의 모유는 어떻게 만들까?

모유 보관은 소독된 밀폐 용기와 저장 팩에 먹을 양을 담아 날짜를 기록합니다. 실온에서 10시간, 냉장고에서는 72

시간, 냉동고에서는 3개월 동안 보관이 가능합니다. 냉동된 모유는 전날 미리 꺼내어 냉장실에 두었다가 따뜻한 물에서 중탕하여 먹입니다. 담백한 맛의 양질의 모유를 아기에게 먹이려면 계절 채소와 과일, 생선을 섭취합니다. 되도록 느끼하거나 단것은 삼가는 게 좋습니다. 유방에 트러블이 있으면 밤 9시 이후 간식은 피하고 과일도 주의해서 먹어야 합니다.

모유 수유는 어떤 자세로 해야 할까?

엄마가 수유하기에 편안한 자세를 취하되 아기의 귀, 어깨, 엉덩이가 일직선이 되도록 안습니다. 아기가 하품을 하듯이 입을 크게 벌릴 때 엄마의 유방을 아기 입에 댑니다. 이때 아기의 혀 위에 엄마의 젖꼭지가 있어야 하며 아기가 유륜 부위까지 충분히 물 수 있도록 도와주어야 합니다. 한쪽 젖을 다 먹이고 난 뒤 다른 쪽 젖을 먹입니다. 아기가 젖을 잘 빨 수 있도록 아기의 머리를 팔로 감싸듯 받친 다음 다른 손으로 엉덩이를 안으면 엄마도 아기도 편안한 자세가 됩니다.

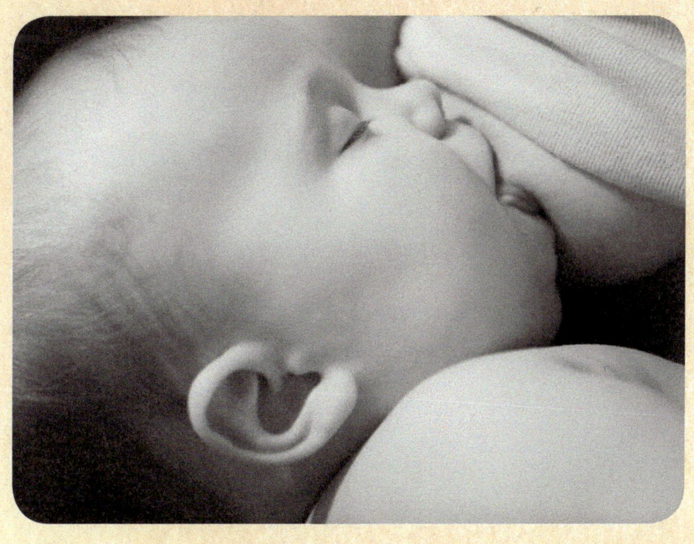

S.T(soul tie)
감통 분만법

엄마, 아빠, 아기의 영혼이
하나가 되면 출산이 쉽다

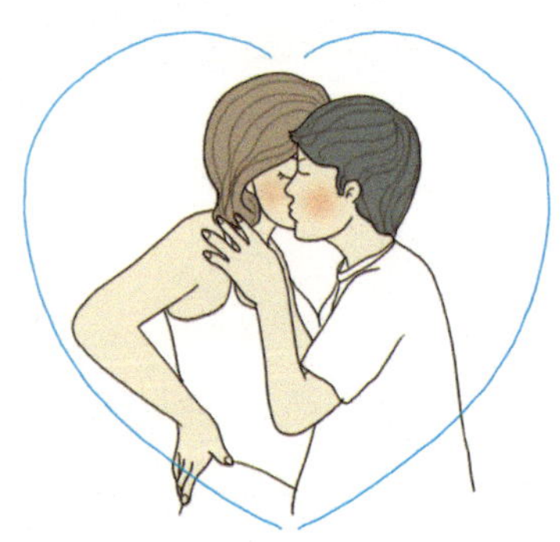

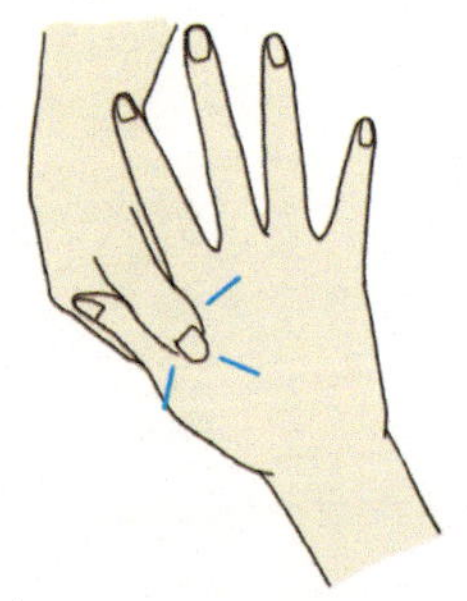

10 개월 동안 아름다운 출산을 위해 준비한 결실이 맺어지는 분만실의 풍경은 기대감과 설렘으로 가득합니다. 웃으면서 아기를 맞이하는 산모들의 모습을 볼 때면 '분만의 고통도 잠시구나.'라는 생각이 듭니다. 하지만 출산 뒤뿐 아니라 분만 시에도 웃음이 가득하다면 더 행복한 출산의 연장선이 되겠다 싶어 S.T(soul tie) 감통 분만법을 만들게 되었습니다.

웃음은 출산을 바로 앞둔 산모에게 뇌 속의 모르핀보다 강한 천연 진통제인 엔켈펠린을 분비해 20배 이상의 감통 효과와 함께 순산을 돕는다고 합니다. 호르몬의 체계를 움직이는 S.T 감통 분만법을 통해 지금껏 많은 임산부들이 건강한 아기를 출산해 왔습니다. 이제 진통부터 자궁 경부가 10센티미터까지 열리는 분만 과정에 필요한 S.T 감통 분만법을 소개하겠습니다.

Soul tie 1

보통 임신부는 진통의 시간이 5~7분 간격으로 20~25초씩 진행될 때 분만을 하러 병원에 갑니다. 분만 대기실에 도착해서 남편은 아내의 손을 잡고 "아자! 우리는 순산할 수 있다!"를 외치며 아내를 격려해 주세요. 그리고 아내의 양쪽 볼에 뽀뽀를 하고 입맞춤 '쪽'으로 사랑을 표현하세요.

Soul tie 2

자궁 경부가 0~3센티미터까지 열리는 시기인 초반에는 진통이 오면, 남편이 엄지손가락으로 아내의 엄지와 검지의 교착점인 합곡 혈점을 4초 동안 지그시 눌러 줍니다. 이때 아내는 복식 호흡을 하되 코로 숨을 들이 쉬고 코로 숨을 내쉽니다. 남편은 아내의 배 위에 손을 얹어 놓고 아래위로 쓰다듬으며 "아가야 사랑해, 아가야 잘 한다."라고 응원을 해 줍니다.

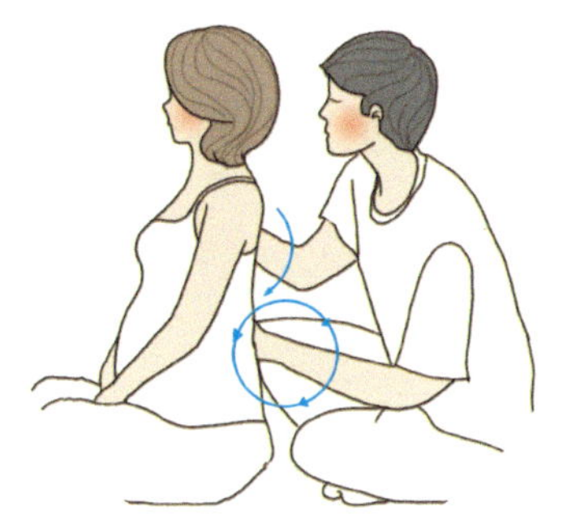

Soul tie 3

자궁 경부가 4~7센티미터까지 열리는 중반에는 허리에 심한 통증이 오는 시기입니다. 이때 남편은 아내의 허리를 손으로 마사지합니다. 아내는 계속 복식 호흡을 하되 숨을 코로 들이쉬고 내쉽니다. 남편은 오른손을 아내의 배 위에 얹어 놓고 아래위로 쓰다듬으며 아내의 눈과 마주칠 때 미소를 짓습니다.

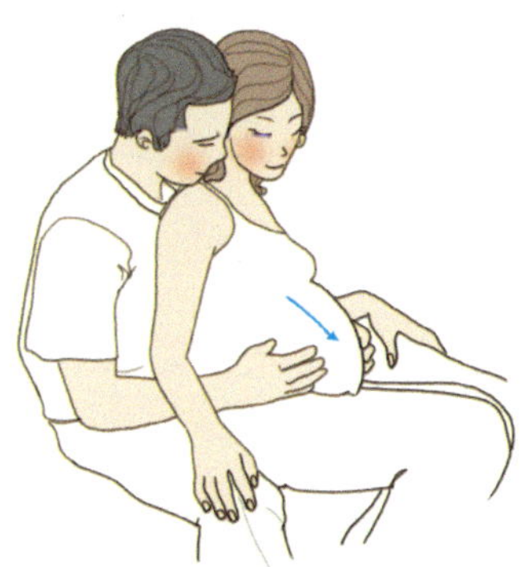

Soul tie 4

자궁 경부가 8~10센티미터까지 열리는 후반에는 아내의 몸 전체가 긴장되어 있습니다. 남편은 팔, 다리, 등, 허벅지 순으로 마사지하여 근육을 이완시켜 줍니다. 이때 아내는 복식 호흡을 하되 코로 들이쉬고 입으로 길게 내쉽니다. 남편은 태명을 부르며 아내의 배 위에 손을 얹어 놓고 위아래로 쓰다듬으며 "행복아, 쑥!" 하며 아내와 아기에게 응원을 보냅니다.

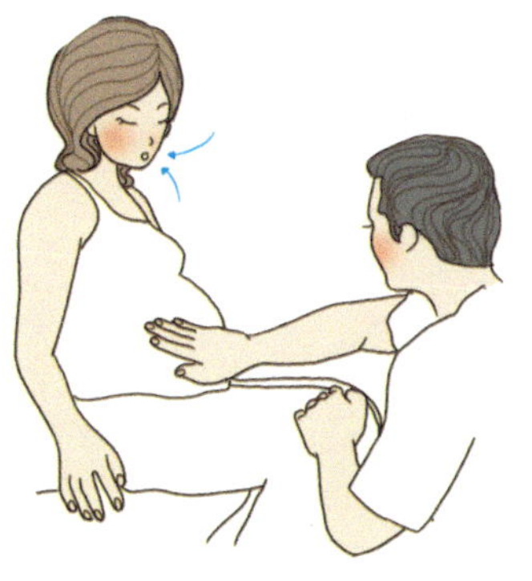

Soul tie 5

자궁 경부가 10센티미터 열리는 태아 만출기 때는 턱을 내리고 → 새우등 자세를 하고 → 최대한 무릎을 벌리고 → 발뒤꿈치로 힘을 실어 밀고 → 코로 호흡을 크게 들이 쉬고 → 항문에 힘을 모으듯이 '응~' 하며 10초 동안 길게 힘을 줍니다.

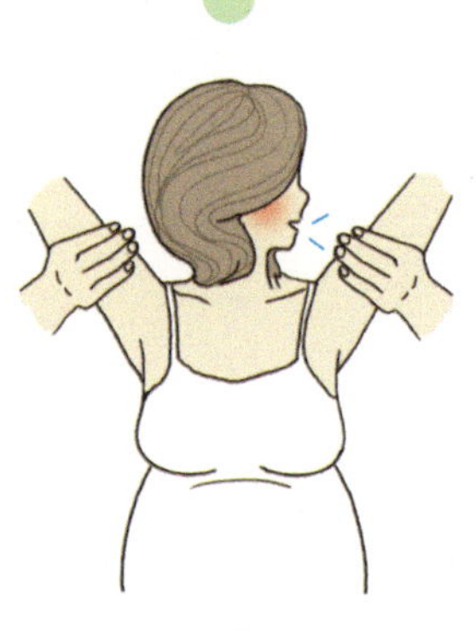

Soul tie 6

아기의 머리가 나오는 느낌이 들면 → 두 팔을 머리 위로 들어 올리고 → 고개를 옆으로 돌려 → 입을 벌리고 '하~' 하며 힘을 빼 주면 → 자궁 경부의 열상을 예방할 수 있습니다.

Soul tie 7

이제 아기의 머리, 팔, 몸, 다리, 탯줄과 태반이 나왔습니다. 곧 자궁 안에서 아기에게 산소와 영양을 공급했던 탯줄을 아빠가 잘라 냅니다. 아빠들은 탯줄을 자를 때 큰 감동을 느낀다고 합니다. 그동안 엄마의 사랑으로 생명선이 유지되었다면 세상에 태어난 아기의 생명선은 앞으로 아빠의 몫이라는 의미가 담겨 있으니까요. ☺

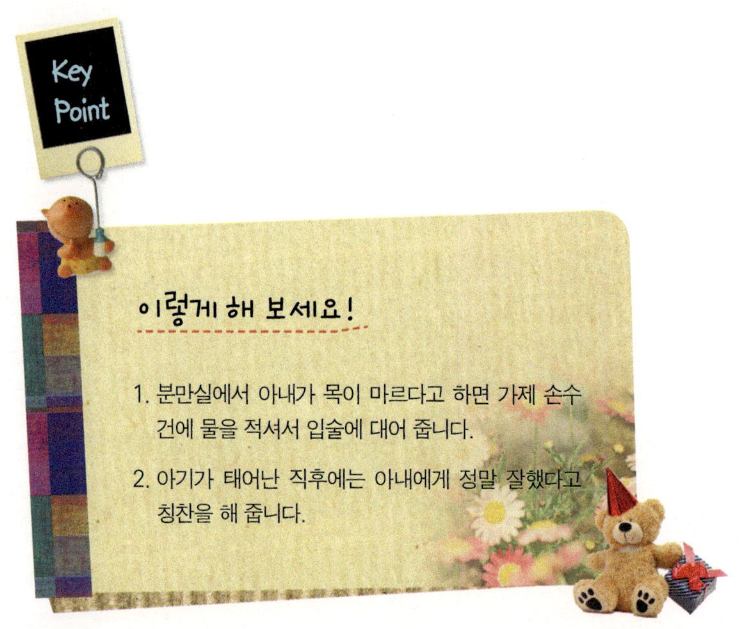

장군맘의 감통 분만법 출산기

장군맘 안순영

저는 송금례 선생님이 진행하셨던 출산 프로그램과 여성 회관의 순산 체조 시간에 한 번도 결석한 적이 없었습니다. 그런데도 임신 뒤 체중이 18킬로그램이나 늘었고 장군이가 너무 커서 유도 분만을 하자는 이야기를 들으니 참 속이 상했죠.

"정말 열심히 했는데 이게 뭐야?"

병원을 나오면서 눈물을 글썽거리자 남편이 힘내라며 제 손을 잡고 웃으며 외치더라고요.

"나는 순산할 수 있다! 그동안 열심히 했으니까 그만 한 거지 운동을 하지 않았으면 더 쪘을지도 모르잖아!"

저희 부부는 다음 날부터 계단 1층에서 22층까지 3회 오르기, 백운 호수 한 바퀴 걷기, 볼 체조 등 철인 3종 프로그램에 들어갔습니다. 하지만 이 모든 계획은 무작정 짠 게 아니랍니다. 그동안 출산 교실과 순산 체조 시간에 들었던 선생님들의 말씀을 바탕으로 핵심만 뽑아 만든 것이지요.

드디어 결전의 날!

촉진제를 맞고 1시간쯤 지나니까 배가 뭉쳤다 풀어시기를 반복했습니다. 그러다 양수가 터지고 갑자기 진통이 시작되어 분만실로 옮겨졌지요. 통증이 밀려올 때마다 남편은 부부 태교 때 배웠던 것들을 하나하나 실행에 옮겼습니다. 신혼 여행 때 있었던 행복한 일들을 말해 주고 제 손을 잡고 호흡을 같이 해 주었습니다. 통증이 밀려오면 남편의 말에 집중하며 뱃속에서 나보다 열 배 이상 힘들 장군이를 생각했답니다. 그리고 계속 마음속으로 '나는 순산할 수 있다!'를 외쳤죠. 진통이 최고일 때 그런 생각을 할 수 있었던 건 정말 기적이었어요. 평상시 외쳤던 순산 구호가 그렇게 힘을 발휘할 줄은 몰랐거든요.

몇 번의 진통이 거듭되고 약 3시간이 지난 오후 4시 39분! 힘찬 울음소리와 함께 3. 88킬로그램으로 장군이가 세상에 나왔습니다. 출산 뒤 간호사가 엄마 자궁도 잘 열렸지만 아이가 정말 잘 내려왔다며, 비결이 뭐냐고 묻더라고요. 그 말에 눈물이 날 것 같았어요. 제가 경험했기에 자신 있게 다른 사람들에게 말해 줄 수 있답니다. 태교에 대해 말씀하시는 많은 분들의 이야기들 결코 빈말이 아니라는 걸 경험해 보니 알겠더라고요. 출산을 앞 둔 어머니들! 꼭 순산하세요!

'나는 순산할 수 있다!' 이 구호를 지금부터 크고 자신 있게 외치면 정말 순산할 수 있답니다!

아가야, 사랑해

:: 이은영

사랑하는 세 그루 나무 이야기를 들어 보셨어요?

옛날에 아빠 나무, 엄마 나무가 서로를 무척 사랑했대요.

그래서 아빠 나무는 편지를 써서 엄마 나무에게 사랑을 고백했고

엄마 나무는 그 사랑을 씨앗으로 만들어서 엄마의 자리에 심었어요.

그 씨앗이 자라서 작지만 사랑스러운 나무가 되었어요.

이제 아빠 나무와 나뭇가지로 팔씨름도 하고

엄마 나무와 잎사귀로 왕관도 만들 수 있게 되었어요.

사랑하는 세 나무는 멀리서 보면 마치 한 그루 나무 같아서 이름이 '한 가족'이래요.

나를 품고 있는 엄마

엄마를 품고 안아주는 아빠

나는 엄마, 아빠의 사랑 나무예요.

우리는 '한 가족'이에요.

사랑

:: 신현태

아가야 어쩜 그리도 고운지

아가야 어쩜 그리도 맑은지

아가야 어쩜 그리도 귀여운지

하늘만큼 땅만큼 우주만큼

널 사랑해 엄마 아빠는 널 사랑해

아가야 어쩜 그리도 고운지

아가야 어쩜 그리도 맑은지

아가야 어쩜 그리도 귀여운지

어둔 밤 총총한 은하수처럼

널 사랑해 엄마 아빠는 널 사랑해

아가야 어쩜 그리도 고운지

아가야 어쩜 그리도 맑은지

아가야 어쩜 그리도 귀여운지

밝은 낮 눈부신 태양빛처럼

널 사랑해 엄마 아빠는 널 사랑해

부부 사랑

:: 신현태

엄마 아빠 꼬옥 두 손 맞잡고

콩당콩당 뛰는 네 심장 소리 들으며

소곤소곤 곱고 맑은 말소리도 들려준단다

엄마 몸 안에 고운 꽃으로 피어난 너를 보면서

아빠 몸 안에는 한송이 꿈같은 꽃이 피어나

날마다 순간마다 행복에 겨워

어쩔 줄 모르는 귀여운 아가를 사랑하다가

어느새 아빠는 왕이 되고 엄마는 왕비가 되어

너 때문에 세상에서 최고로 멋진 꿈같은 날을 산단다

태담 동시

할아버지, 할머니 사랑 

:: 신현태

소중한 손자 손녀 보고픈 할아버지

귀여운 손자 손녀 보고픈 할머니께

너는 세상에서 최고로 멋진 행복덩이

우리 손자 우리 손녀 언제 나올까

손꼽아 기다리며 꿈꾸시는 얼굴

할아버지 할머니께 인사 드려야지

아가야 아가야 하늘에서 내려온 우리 아가야

너는 우리 가정에 주신 최고의 선물

초롱초롱한 눈망울 보름달 같은 얼굴

고사리 같은 씩씩한 다리

우리 손자 우리 손녀 언제 나올까

오늘도 총총히 달려오셔서

꿈같은 너의 생일을 기다리시네

아빠는 엄마를 좋아해

🎧 track 03

* 아빠가 퇴근을 하실 때면 양손엔 선물을 가득히 우리 집 꼬마들 기뻐하네 엄마도 즐겁게 웃어요

* 그러나 휴일엔 단둘이만 아무도 모르게 살짝 쿵 우리 집 꼬마들 화가 났네 아빠는 엄마만 좋아해

율동

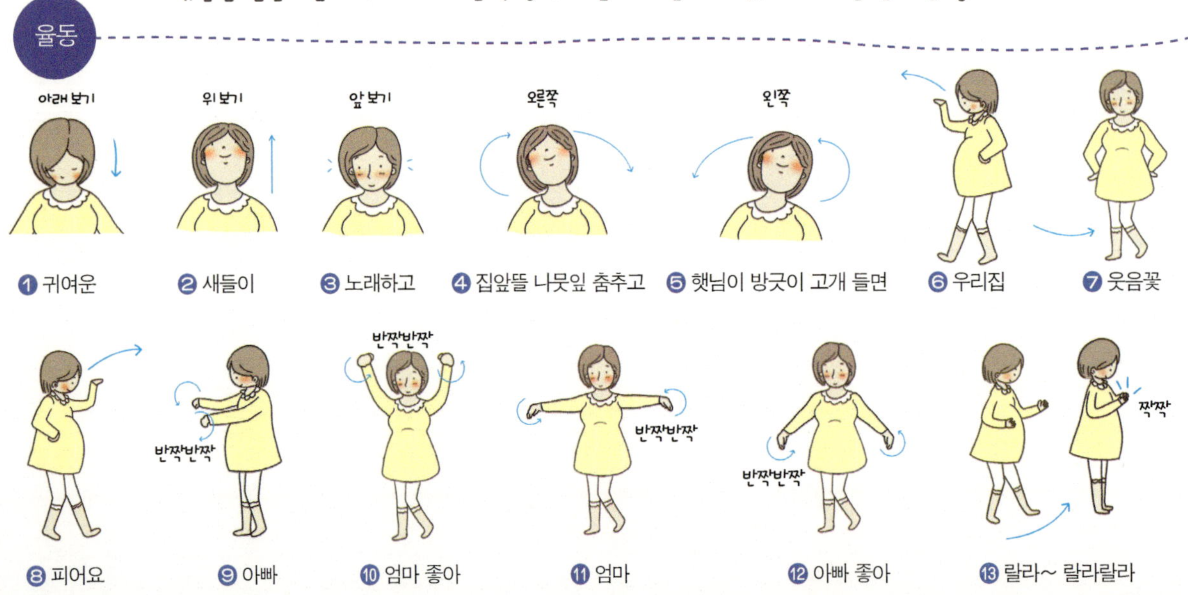

The Wheels On The Bus

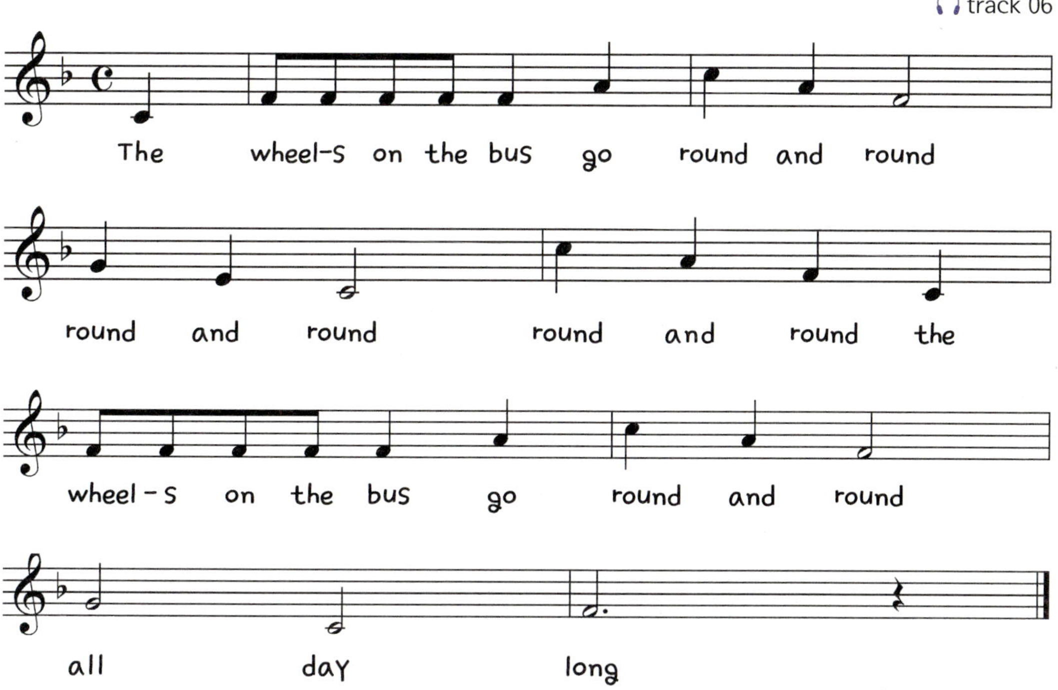

* The mommies on the bus

* The babies on the bus

버스 바퀴가 빙글빙글

버스 바퀴가 빙글빙글, 빙글빙글, 빙글빙글,
버스 바퀴가 빙글빙글 하루 종일 돌아요

* 버스 안에서 엄마들은 "그러면 안 돼!" 하루 종일 말해요
버스 안에서 아빠들은 "읽고 또 읽고" 하루 종일 읽어요

* 버스 안에서 아기들은 "앙앙" 하루 종일 울어요
버스 문이 "열렸다 닫혔다" 하루 종일 계속하고 있어요

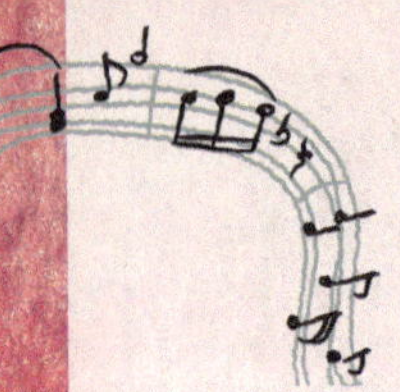

태아가 좋아하는 클래식

후기에는 태아의 뇌세포가 놀라울 정도로 증가하여 기억력이 높아지는 시기이므로 선곡에 특별히 주의해야 합니다. 뇌에 좋은 자극이 될 수 있도록 진동 폭이 넓은 현악기 음악이 좋으며, 리듬의 변화도 평온하고 자연스러운 것이 좋습니다. 그러나 어떤 특별한 악기에 치우치기보다는 다양한 악기음을 들려주어 정서의 폭을 넓혀 주는 것이 좋습니다. 아래 추천 음악 가운데 음악 태교 가이드 음반에 〈모차르트 교향곡 40번 제1악장〉와 〈차이코프스키의 꽃의 왈츠〉가 실려 있으니 곡의 특성을 생각하며 편안하게 감상해 보세요.

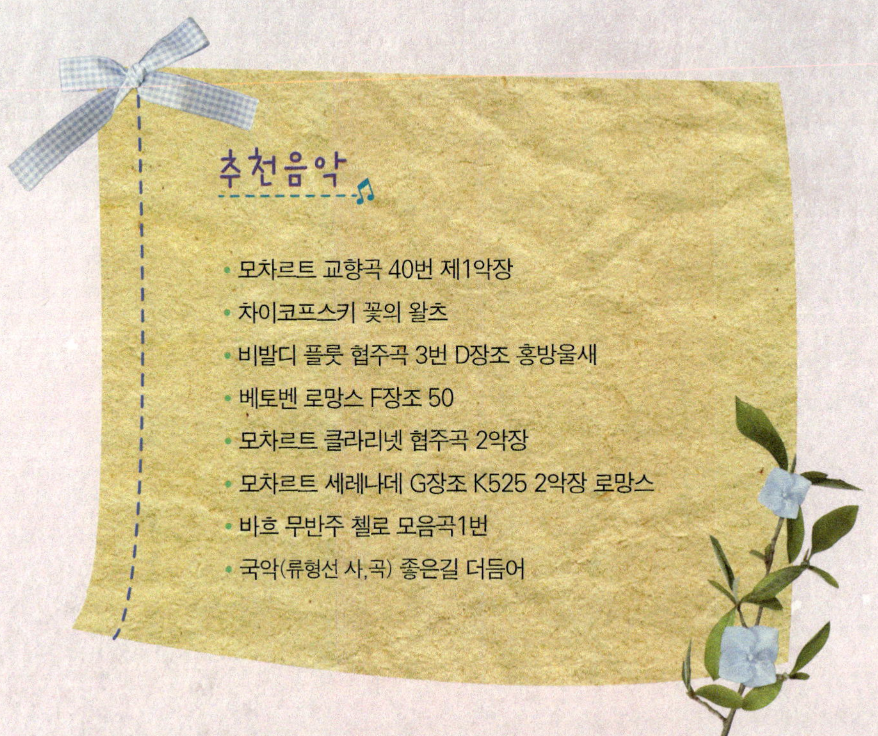

고요하고 평온한 음악

- 바흐 G선상의 아리아, 무반주 첼로 모음곡 1번, 칸타타 BWV 147 중 '예수는 인류의 기쁨과 소망 되시니'
- 비발디 사계 중 '겨울' 2악장
- 베토벤 바이올린 로망스 바장조 Op.50
- 마스네 타이스 명상곡
- 쇼팽 녹턴 2번, 피아노 협주곡 제1번 2악장
- 모차르트 피아노 협주곡 21번 2악장

기분을 상쾌하게 해 주는 음악

- 비발디 사계 중 '봄'
- 헨델 수상곡 모음곡
- 하이든 현악 4중주 '세레나데', 트럼펫 협주곡 E 플랫장조 제1악장
- 바흐 칸타타 BWV 208 중 '양들은 한가로이 풀을 뜯고'
- 드보르작 유모레스크

마음이 힘들고 우울할 때 듣는 음악

- 단조 곡, 즐겁고 경쾌한 곡

일할 때 듣는 음악

- 미뉴에트, 왈츠 등의 춤곡

기분이 들떠 있거나 흥분될 때 듣는 음악

- 고요하고 아름다운 세레나데

잠들기 전 듣기 좋은 음악

- 드뷔시 월광, 달빛
- 모차르트 자장가, 슈베르트 자장가, 브람스 자장가

아가에게 넓은 생각과 꿈을 키워 주는 음악

- 멘델스존 어린이를 위한 소곡집 중 안단테 콘 모토
- 차이코프스키 호두까기 인형 중 꼬마 양치기의 춤
- 하이든 교향곡 101번 D장조 '시계' 2악장
- 슈만 어린이 정경 전곡
- 쇼팽 화려한 대폴로네즈

후기 순산 체조

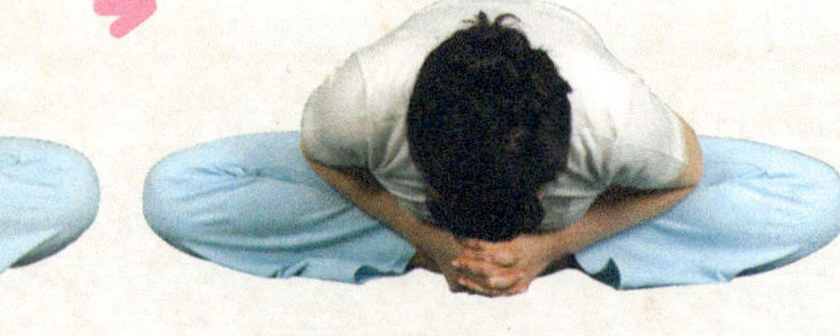

❶ 발바닥을 마주 붙이고 앉아서 나비 모양의 자세를 만든 다음 양팔을 앞으로 뻗으면서 몸을 숙인다. 손가락 끝을 3cm 정도 앞으로 밀어서 고관절을 자극해 준다. 같은 동작을 4회 반복한다.

❷ 다리를 양쪽으로 벌린 다음 양손으로 양쪽 발끝을 잡고 앞으로 천천히 숙이기를 4회 반복한다.

❸ 왼손을 오른쪽 허리에 감고 오른팔을 머리 위로 넘기면서 왼쪽으로 상체를 숙인다. 반대 방향도 한 번 더 한다. 같은 동작을 4회 반복한다.

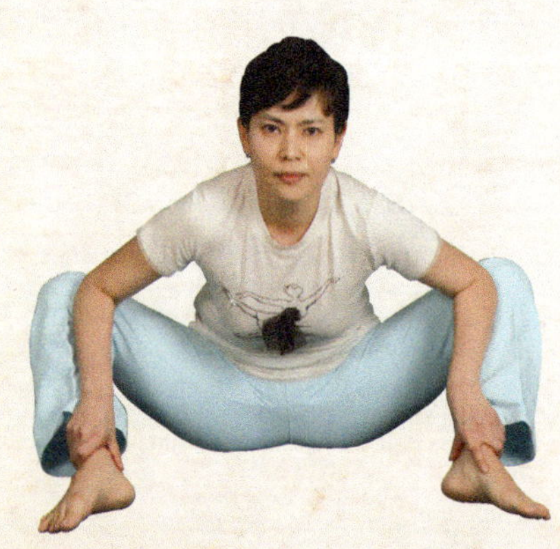

❹ 무릎을 벌려 쪼그리고 앉아서 양손으로 양쪽 발목을 잡고 무릎을 팔꿈치로 밀어 주기를 4회 반복한다.

❺다리를 어깨너비로 벌리고 서서 양팔을 벌린 다음 무릎을 굽히고 오른쪽 방향으로 허리를 틀었다가 제자리로 돌아온다. 반대 방향도 한 번 더 한다. 같은 동작을 4회 반복한다.

❻다리를 어깨너비로 벌리고 서서 팔을 앞으로 내밀고 무릎을 살짝 굽히기를 4회 반복한다.

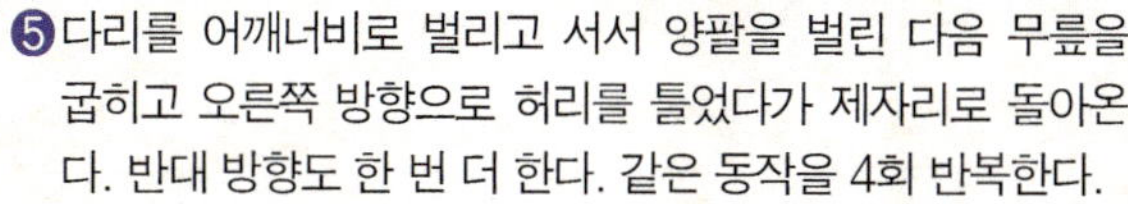

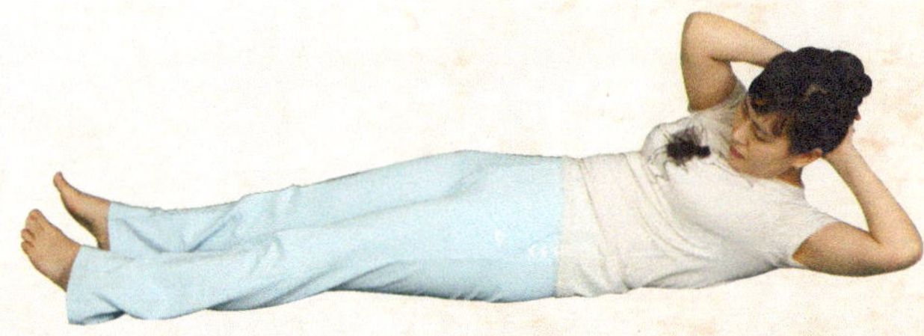

❼바닥에 누워서 다리를 어깨너비로 벌린 다음 머리를 들어 10초 동안 배꼽을 본다. 같은 동작을 4회 반복한다.

❽머리 뒤로 깍지를 끼고 오른쪽 팔꿈치가 왼쪽 엄지발가락을 향하도록 대각선 방향으로 어깨를 들어 준다. 반대 방향도 한 번 더 한다. 같은 동작을 4회 반복한다.

❾ 바닥에 누워서 한쪽 다리를 위로 쭉 펴서 들고 무릎 뒤쪽을 손으로 잡은 다음 상체를 들어 주기를 4회 반복한다.

❿ 한쪽 다리를 직각으로 굽혀 들고 반대쪽 다리로 넘겨 무릎이 바닥에 닿는 느낌으로 허리를 틀어 준다. 반대 방향도 한 번 더 한다. 같은 동작을 4회 반복한다.

⓫ 발을 어깨너비로 벌린 다음 무릎을 세우고 양손으로 발뒷꿈치를 잡고 허리와 엉덩이를 힘껏 들어 올린다. 이때 케겔 운동을 병행한다. 같은 동작을 4회 반복한다.

⓬ 양쪽 다리를 위로 쭉 뻗어 올린 다음 양옆으로 벌렸다 모았다를 4회 반복한다.

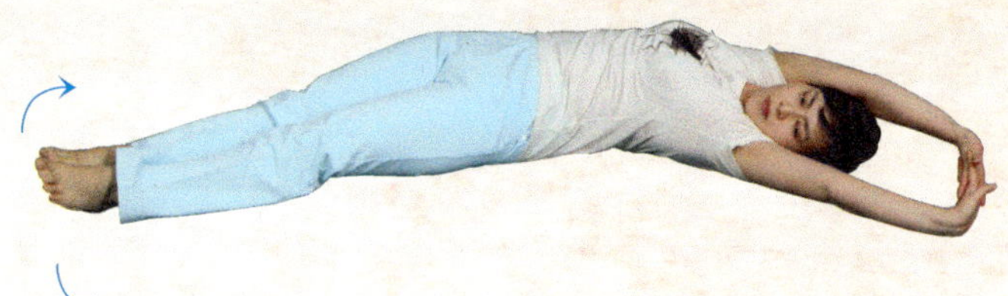

⓫ 양팔을 머리 위로 올려 깍지를 낀다. 양다리는
붙이고 손끝과 발끝이 같은 방향으로 곡선을
그리며 좌우로 움직이기를 4회 반복한다.

⓮ 발바닥을 마주 붙여 나비 모양을 만든다. 손은
손바닥과 팔꿈치를 마주 대고 기도 모양을 한다.
손은 위쪽으로 다리는 아래쪽으로 쭉 뻗었다가
제자리로 돌아오기를 5회 반복한다.

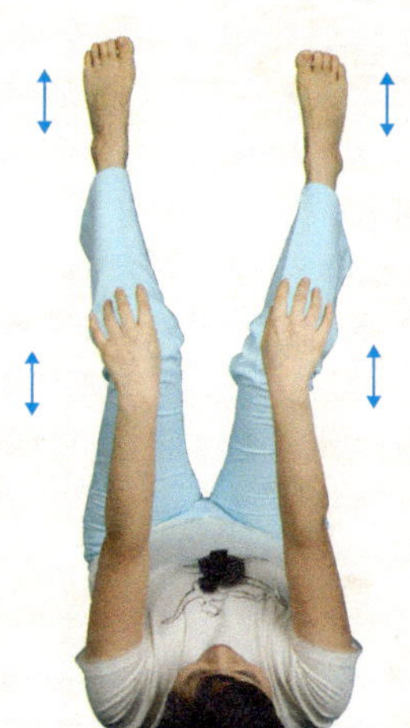

⓯ 누워서 두 팔과 두 다리를 들고 동시에 10초 동안 털어
준다. 4회 반복하면 부종을 완하시킬 수 있다.

⓰ 손바닥과 무릎을 대고 엎드린 자세로 다리를
어깨너비로 벌린다. 등을 동그랗게 말아 올리
며 엉덩이를 안쪽으로 당기고 머리를 숙여서
배를 바라본다. 허리를 내리고 고개는 위로 치
켜든다. 각 자세를 10초 동안 유지한다. 같은
동작을 4회 반복한다.

분만을 촉진시키는 자세

1. 임신 38주 이후부터 매일 꾸준히 반복한다.
2. 실제로 진통이 왔을 때 당황하지 말고 평소 익혀 온 자세를 반복한다.
3. '나는 순산할 수 있다'는 구호를 외치면 더욱 효과적이다.

❶ 케겔 운동 : 바닥에 양반다리로 앉는다. 질 근육을 조였다 풀었다 하는 것을 반복한다. 케겔 운동은 자궁 수축에 도움이 된다. 서서 해도 같은 효과를 얻을 수 있다.

❷ 개구리 자세 : 다리를 양옆으로 벌리고 쪼그리고 앉아 엉덩이를 위아래로 움직인다. 개구리 자세는 엉덩이를 흔들어 감통 효과를 주고 태아가 아래로 내려오도록 도와준다.

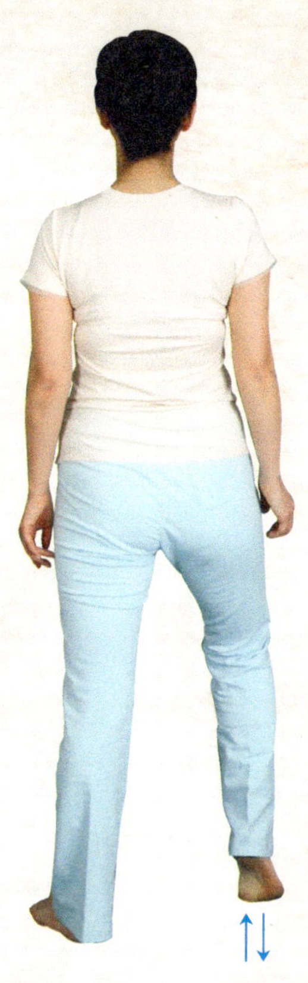

❸층계 오르기 : 발뒤꿈치를 들었다 내렸다 20회 반복한다.
층계 오르기는 태아가 아래로 내려오게 도와주고 골반을
확장시켜 준다. 실제로 층계를 오르면 더욱 효과적이다. 단,
내려올 때는 반드시 엘리베이터를 이용한다.

❹엉덩이 흔들기 : 무릎을 꿇고 업드려서 엉덩이를 옆으
로 흔든다. 엉덩이를 흔들면 통증을 억제하는 호르몬이
분비되어 감통 효과가 있다. 진통이 올 때 남편이 엉덩
이를 쓰다듬어 주는 것도 좋다. 서서 해도 같은 효과를
얻을 수 있다.

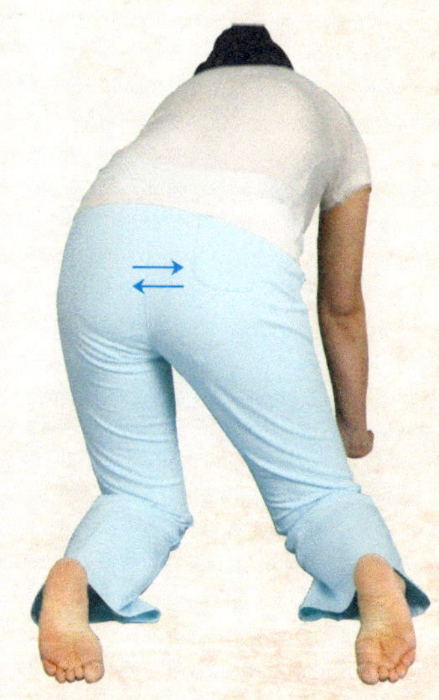

남편과 함께하는 순산 체조

❶ 인디안 걸음 : 남편의 손을 잡고 무릎을 최대한 들어올리고 걷는다.

❷ 어깨 잡고 숙이기 : 서로 마주 보고 서서 양쪽 어깨를 잡은 다음 허리를 숙인다. 이때 허리와 다리의 각도가 90도를 유지하도록 한다. 뒷다리에 가벼운 당김이 느껴지면 좋은 자세다.

❸ 옆구리 스트레칭 : 부부가 발이 닿도록 나란히 서서 안쪽 손은 안쪽 손끼리 바깥쪽 손은 바깥쪽 손끼리 잡고 바깥쪽 무릎을 천천히 구부리면서 몸을 바깥쪽으로 당겨 준다.

❹ 허리 운동 : 남편과 등을 마주하고 약 30cm 정도 거리를 둔 상태로 선 다음 허리를 틀어 얼굴을 마주 보며 손바닥을 맞댄다. 양쪽을 번갈아 한다.

❺ 팔 돌리기 : 서로 마주 보고 선 다음 손바닥을 대고 같은 방향으로 돌린다.

❻ 등과 팔 올리기 : 척추를 곧게 펴서 서로 등을 맞대고 편안하게 선 다음 팔을 벌려 일직선이 되도록 하고 손바닥을 맞댄다. 옆구리를 기울여 한쪽 등과 팔을 올린다. 시선은 올린 손을 바라본다.

❼ 골반 확장 자세 : 팔꿈치를 낀 채로 어깨너비로 다리를 벌려 등을 맞대고 선다. 무릎을 천천히 굽히면서 등을 대고 함께 의자에 앉는 자세를 한다. 어느 한쪽으로 기울지 않도록 한다.

❽ 마주 보고 당겨 앉는 자세 : 마주 보고 서서 발을 어깨너비로 벌린다. 양손을 잡아 쭉 뻗을 수 있을 정도의 위치에 서서 팔을 팽팽하게 당기면서 천천히 의자에 앉는 자세를 5초 동안 유지한다. 같은 동작을 4회 반복한다.

❾ 마주 보는 나비 자세 : 남편과 마주 보고 앉아서 자신의 발바닥을
마주 붙여 나비자세를 한 다음 무릎을 아래위로 흔들어 고관절을
자극시킨다.

❿ 마주 보고 벌린 자세 : ❽번의 자세에서 양쪽 다리를 벌려 남
편과 아내의 발바닥을 마주 댄다. 함께 손을 잡은 상태에서
자신의 방향으로 천천히 당긴다. 손 → 손목 → 팔꿈치 → 어
깨의 순으로 잡는 위치를 바꾸어 4회 반복한다.

⓫ 등 · 허리 틀기 : 척추를 곧게 펴서 등을 맞대고 앉는다. 먼저 각자의 양팔을 앞으로 쭉 뻗어서 그대로 오른쪽으로 틀어 주며 한 손은 자신의 무릎에 다른 손은 서로의 무릎에 내려놓는다. 돌아올 때는 다시 양팔을 앞으로 뻗는다.

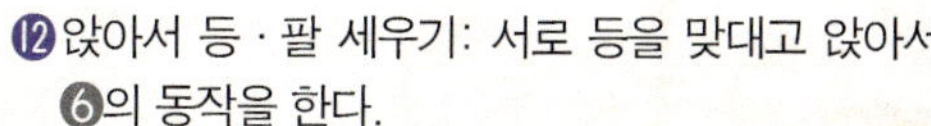

⓬ 앉아서 등 · 팔 세우기: 서로 등을 맞대고 앉아서 ⑥의 동작을 한다.

⓭ 등 · 가슴 당기기: 등을 맞대고 앉아 아내는 양팔을 위로 올리며 등을 젖혀 남편에게 몸을 기댄다. 이때 남편은 아내의 양손을 잡은 채로 몸을 앞으로 천천히 숙여 아내의 가슴이 이완되도록 한다.

모유 수유를 성공하기 위한 유방 마사지

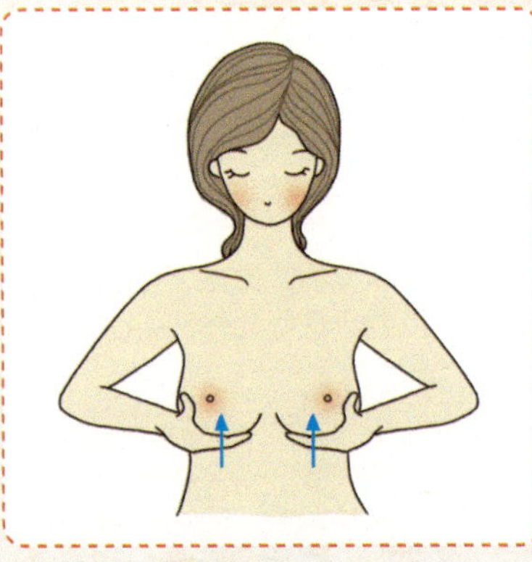

❶ 양손을 유방 아래에서 위로 툭 쳐 올린다.

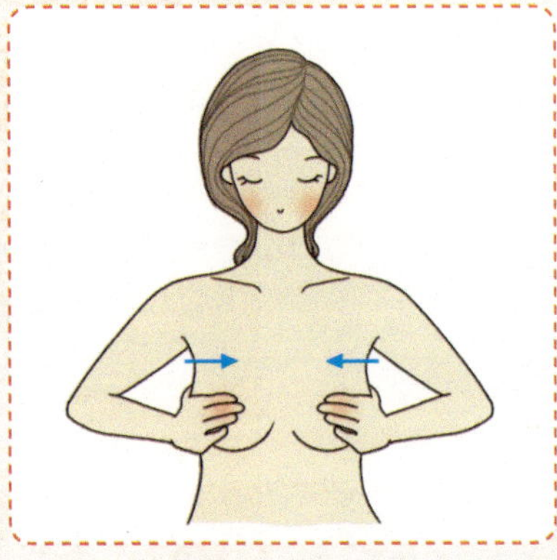

❷ 양쪽 유방 옆에서 안쪽을 향해 밀어 준다.

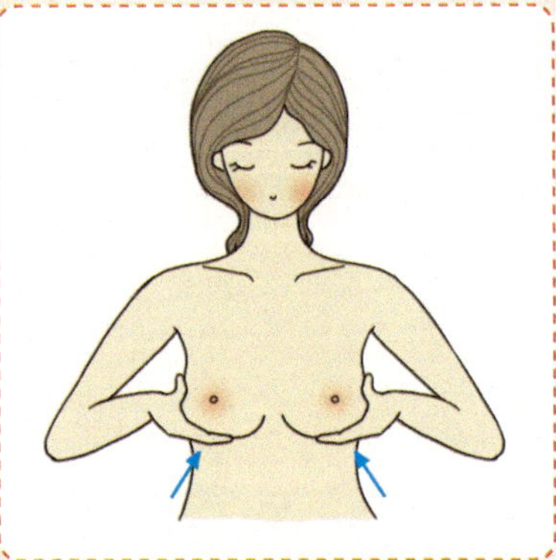

❸ 양손을 유방 아래쪽에서 대각선으로 밀어 올린다.

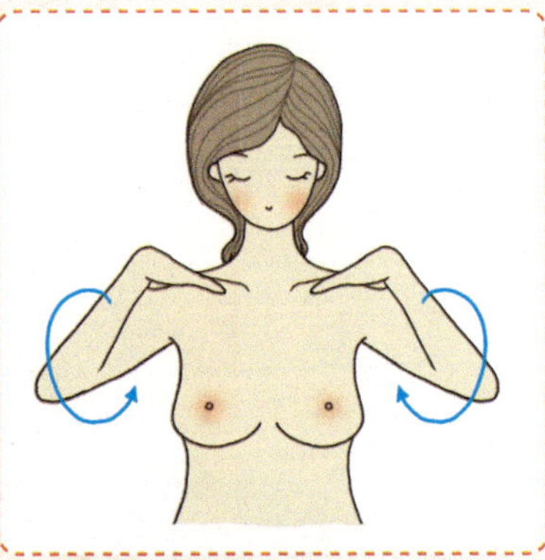

❹ 양손을 어깨에 대고 천사 날개 모양을 한 다음 어깨를 돌린다.

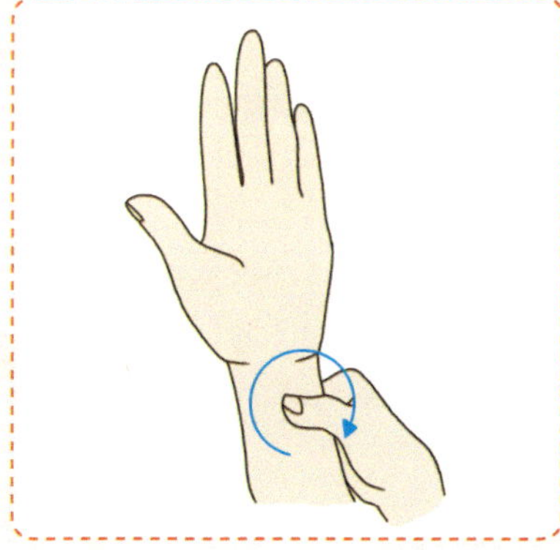

5 손목 안쪽 중심부의 내관 혈점을 엄지손가락으로 지그시 누르며 시계 방향으로 20회 돌린다.

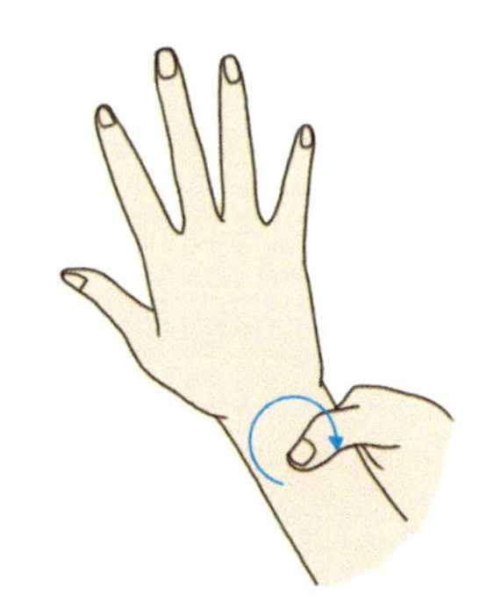

6 손목 바깥쪽 중심부의 양지 혈점을 엄지손가락으로 지그시 누르며 시계 방향으로 20회 돌린다.

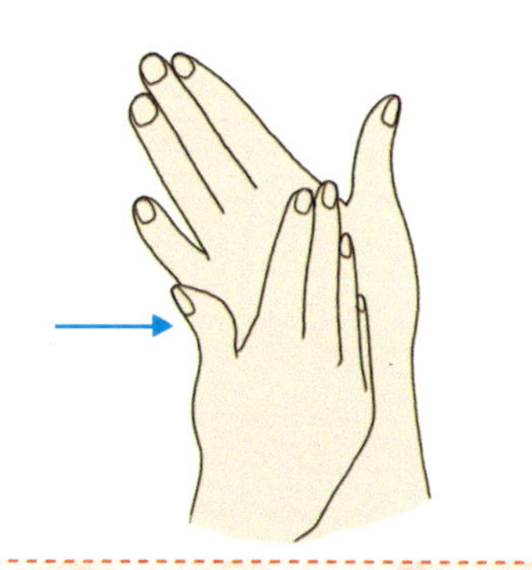

7 새끼손가락의 후계 혈점(바깥쪽)을 만져 준다.

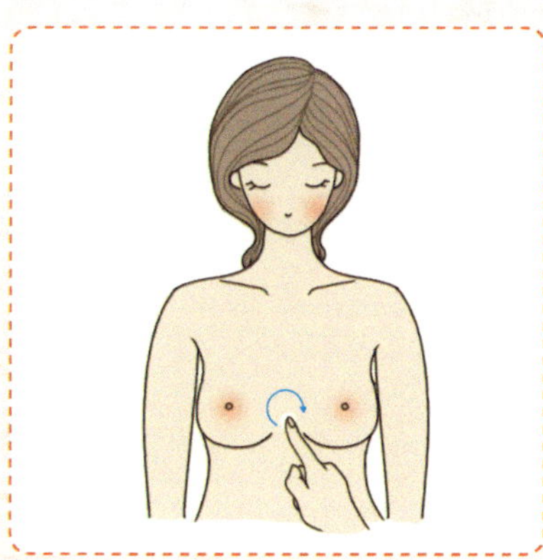

8 유방과 유방 사이의 전중 혈점을 집게손가락으로 돌려준다.

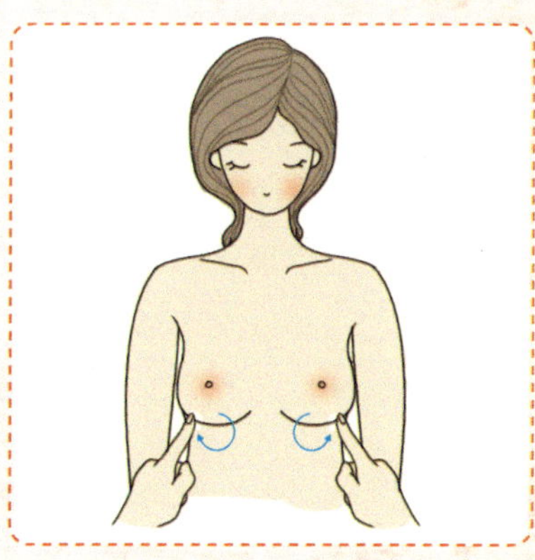

9 유방 아래쪽 유근 혈점을 손가락으로 돌린다.

플러스 산후 체조

1. 분만 시 늘어났던 복벽, 골반, 자궁, 근육의 수축되는 것을 돕는다.
2. 혈액 순환을 좋게 하고 소변의 배출을 돕는다.
3. 산후 긴장을 풀고 체력을 회복시킨다.
4. 모유 분비를 촉진시킨다.

❶ 복식 호흡 : 복부 근력 강화
배에 손을 얹고 길게 숨을 들이쉴 때 배가 부풀어 올라가고 천천히 내쉬는 숨에 배가 내려가는 느낌이 들도록 반복한다. 케겔 운동과 함께 하면 좋다.

❷ 발목 운동 : 혈액 순환, 혈전 방지
발끝을 붙이고 폈다 구부렸다를 반복한다.

❸ 기지개 켜기
양손을 깍지 끼고 앞뒤, 양옆으로 쭉 뻗었다 돌아오기를 반복한다.

❹ 몸통 운동 : 전신 혈액 순환, 긴장 완화
양반다리로 앉아 몸통을 앞→좌→뒤→우의 순서로 움직인다.

❺ 나비 자세: 척추, 골반, 고관절의 유연성 강화
발바닥을 붙이고 두손으로 발을 잡고 무릎을
가볍게 흔들어 고관절을 풀어 준다. 이어 상체
를 숙여 무릎을 눌러 준다.

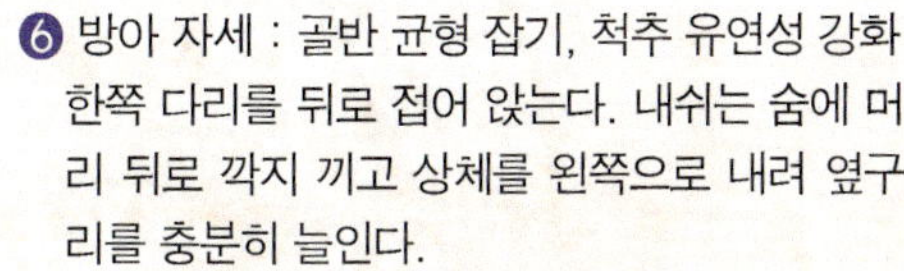 

❻ 방아 자세 : 골반 균형 잡기, 척추 유연성 강화
한쪽 다리를 뒤로 접어 앉는다. 내쉬는 숨에 머
리 뒤로 깍지 끼고 상체를 왼쪽으로 내려 옆구
리를 충분히 늘인다.

❼ 상체 비틀기 : 허리 유연성 강화, 통증 완화
한쪽 다리는 곧게 펴고 나머지 다리는 세워서
반대쪽 다리에 걸고 몸통을 비틀어 준다. 올린
다리의 반대 손으로 무릎을 안으로 당겨 준다.

❽ 책상 가위 자세 : 골반 수축
책상 다리를 한 상태에서 무릎과 무릎을 교차시켜 당긴
다. 턱이 윗무릎에 닿는다는 느낌으로 상체를 숙인다.

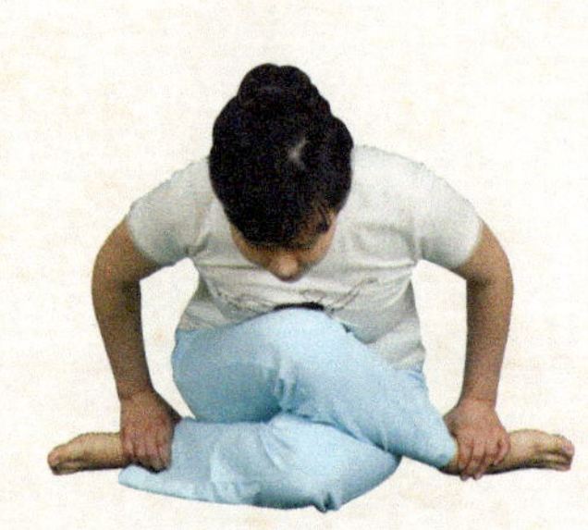

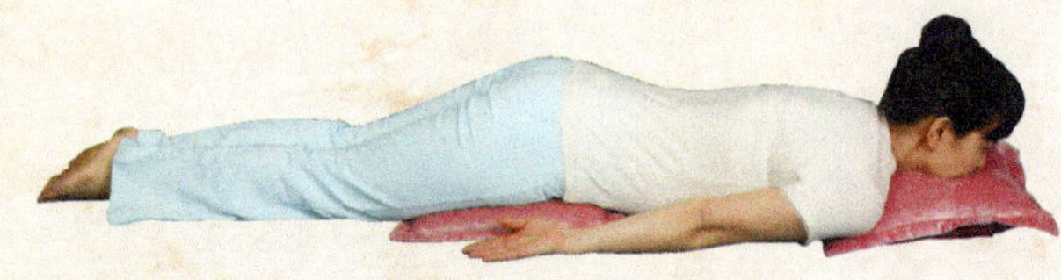

❾ 엎드려 쉬기 : 자궁후굴 방지, 골반 기관 제자리 잡기
턱밑에 낮은 베개를 깔고 골반과 배 아래에는 조금 높
은 베개를 받치고 엎드린다. 그 상태에서 케겔 운동을
한다.

❿ 엎드려 한다리 들기 : 복부 탄력 강화, 요통 완화
손으로 턱을 받치고 바닥에 엎드려 눕는다. 한쪽의 다
리를 위로 올린 자세를 5초 동안 유지한다. 다리를 바
꾸어 동작을 반복한다.

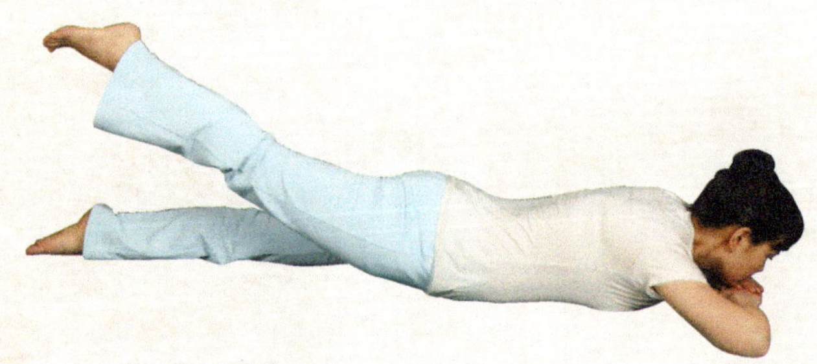

⓫ 머리 들어 올리기: 복부 근력 강화
똑바로 누워 손은 허리 옆에 놓는다. 머리를 들어 배
꼽 쪽을 바라본다.

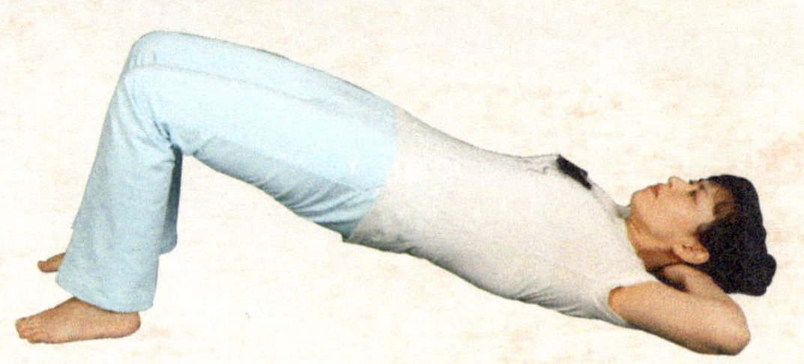

⑫ 엉덩이 들어 올리기: 골반 회복, 생식기 기능 강화
양손을 머리를 받치고 누운 자세에서 무릎이 직각이 되
도록 세운다. 숨을 들이 쉬며 허리를 들고 5초 동안 유
지한다. 숨을 내쉬며 허리를 내린다.

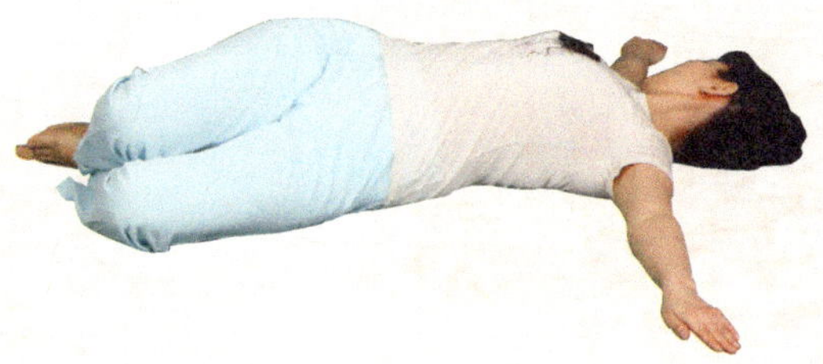

⑬ 허리 강화 운동 : 요통 예방, 허리 강화
반듯하게 누워 양무릎을 세우고 두 팔을 양옆으로 편다.
무릎과 발목을 붙이고 양무릎을 동시에 오른쪽 바닥으
로 넘긴다. 시선은 반대쪽을 본다. 방향을 번갈아 반복
한다.

⑭ 한쪽 무릎 잡아 가슴으로 당기기 : 골반 강화, 허리 강화
반듯하게 누워 한쪽 무릎을 구부려 가슴에 닿도록 양손으로
잡고 당긴다. 다리를 바꾸어 반복한다.

⑮ 모관 운동 : 혈액 순환
등을 바닥에 대고 누워 양손과 양다리를 위로 쭉 편다.
1분 동안 흔들어 준다.

알록달록 곤충 모빌 만들기

1. 나비 몸통 만들기

① 나비 몸통용 펠트지 원단 두 장을 겹쳐 놓아요.

② 한 지점에서 버튼홀 스티치를 시작해요. 두 장을 함께 바느질하세요.

③ 2cm 정도 남기고 바느질을 멈추세요. 실을 끊거나 매듭지면 안 돼요.

④ 2cm 열린 곳으로 솜을 넣어요. 몸통 부분은 솜을 좀 더 많이 넣어 입체감을 살려 주면 더욱 예쁘답니다.

⑤ 솜을 다 넣은 뒤 버튼홀 스티치로 몸통을 완성하세요.

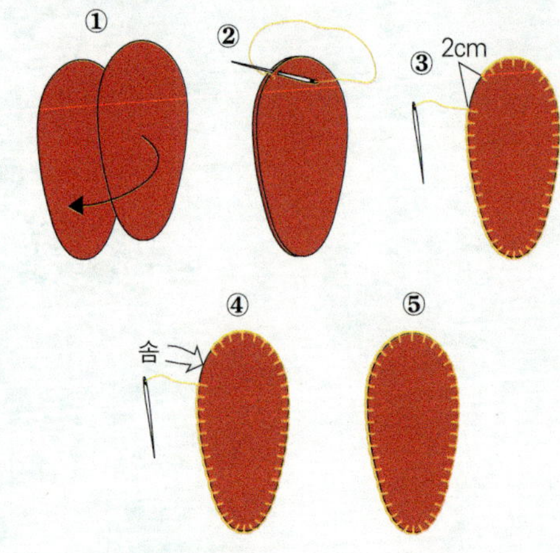

2. 나비 날개 만들기

몸통과 같은 방법으로 날개를 만들어요. 단, 솜은 인형이 모빌대에 달렸을 때 처지지 않을 정도로 조금만 넣어야 해요. 몸통처럼 솜을 많이 넣으면 예쁘지 않답니다.

완성된 날개

3. 몸통과 날개 연결하기

몸통과 날개를 마주 대고 오른쪽 그림의 타원으로 표시된 부분을
여러 번 숨뜨기로 튼튼하게 연결해요.

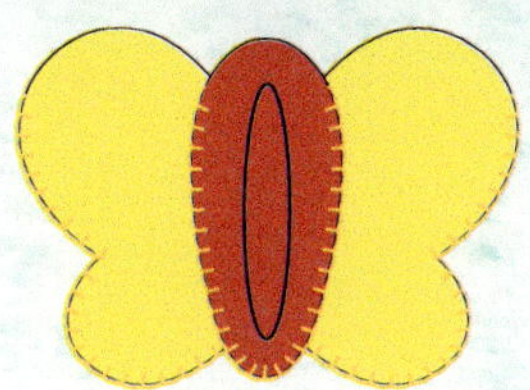

버튼홀 스티치

❶ 두 장의 펠트지를 맞대요

❷ 안쪽에서부터 바늘을 찔러요.

❸ 바깥쪽으로 바늘을 쭉 빼요.

❹ 실과 바늘의 위치에 주의하며 맞댄 뒷장의
　 펠트지의 바깥쪽에서 바늘을 찔러 넣어요.

❺ 안쪽으로 바늘을 쭉 빼요.

❻ 앞장 펠트지 쪽에서 바늘을 찔러 넣어 쭉
　 잡아당겨요. 이때 실과 바늘의 위치를 주의
　 하세요.

❼ 이 과정을 완성될 때까지 반복해요.

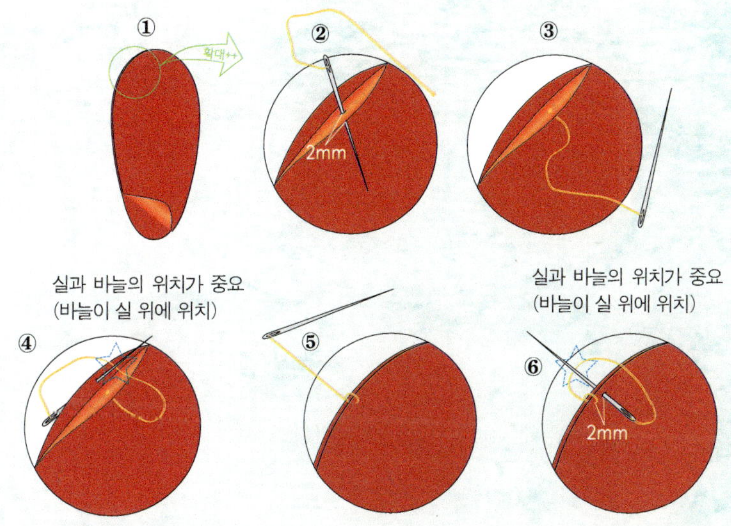

숨뜨기

숨뜨기는 홈질과 방법이 같아요. 다만 겉에서 보이지 않도록 날개와 몸통
사이에서 바늘과 실이 왔다갔다 한다는 것만 다르지요. 숨뜨기를 할 때는
한 번 바느질을 하고 실을 끝까지 잡아당기면 날개와 몸통이 딱 붙어 공간
이 없어져 바느질하기가 불편하답니다. 3~4땀 정도 실의 여유를 두고 바
느질한 다음 실을 잡아당기면 더 편해요.

태교와 출산에 관한 Q&A

Q1. 태교가 뭐예요?

부부가 임신 전부터 임신을 계획하며 태아의 전인격적인 건강을 위해서 자궁 내 환경을 가장 좋게 만들어 주는 것입니다.

Q2. 태교를 하면 정말 효과가 있나요?

태교는 과학입니다. 태중에서의 영양이 평생을 좌우하듯 태교는 40주 동안 엄마의 사랑과 정성이 태아에게 고스란히 전달되어 일생을 좌우하는 첫 교육이랍니다. 아기의 장래를 위해 뿌리를 튼튼하게 키우는 기초 작업이라고 생각하면 맞습니다.

Q3. 태교는 얼마 동안 해야 효과가 있나요?

태교는 행복한 마음을 갖는 것에서부터 시작됩니다. 태아가 아직 세상 밖으로 나오지는 않았지만 태교는 전인격적인 교육이기 때문에 성품 태교부터 건강을 생각하는 음식 태교까지 다양한 태교를 매일 골고루 섭취해야 합니다.

Q4. 태교는 언제부터 시작해야 하나요?

태교의 시작은 결혼을 생각하는 나이부터입니다. 아기를 갖은 뒤에 태교를 시작해야 한다고 생각하는 부부들이 많습니다. 하지만 태교는 청년 때부터 준비하여 계획 임신을 하고 출산을 할 때까지 지속되는 것입니다.

Q5. 태교, 무엇부터 시작해야 하는지 막막해요? 공부처럼 모든 영역을 고루 해야 하나요?

태교는 보이는 것보다 보이지 않는 마음에서부터 시작됩니다. 이것은 그릇과 같은 것입니다. 아무리 좋은 지식이 있어도 담고 있는 그릇이 더 중요하다고 말할 수 있습니다. 물론 순산 체조, 독서 태교, 뇌 태교, 산책 태교, 동화 태교, 명언 태교 등 태교의 영역은 넓고 다양하지만 자기에게 맞는 방법을 선택해서 시작하는 것이 좋습니다.

Q6. 태교에 좋은 음식이 따로 있나요?

맞습니다. 음식은 몸의 건강을 좌우합니다. 과학으로 증명된 사실은 태내에서의 건강은 평생을 좌우할 만큼 중요하다는 것입니다. 입덧을 극복하고 엄마가 할 수만 있다면 10개월 동안 음식 태교를 통해서 배운 좋은 식습관을 가지고 때에 맞는 영양을 공급할 것을 권합니다.

Q7. 우리나라의 전통 태교법은 무엇이 있나요?

우리나라에는 1802년, 조선 시대의 사주당 이씨가 쓴 세계 최초의 태교 전문서 《태교신기》와 칠태도(임신한 여성이 지켜야 하는 일곱 가지 태도)가 전해지고 있습니다. 《태교신기》 본문에는 '스승의 십 년 가르침이 어머니가 열 달 뱃속에서 기름만 못하다. 어찌 열 달의 수고를 꺼려 불초한 자식을 낳아 스스로 소인의 어머니가 되겠는가! 어찌 열 달 공들여 자식을 어질게 함으로써 스스로 현명한 군자의 어머니가 되지 않겠는가!'라고 말하며 태교를 실천하여 훌륭한 자식을 낳으면 그 부모는 행복할 것이라 강조하였습니다.

Q8. 다른 나라에서는 어떻게 태교를 하나요?

일본의 태교는 즈초라는 한의사가 언급한 내용으로, 임신한 날로부터는 만사에 조심하고 티끌이라도 나쁜 마음을 갖지 않도록 마음을 가다듬어야 한다고 했습니다. 유대인들은 무절제한 성생활을 하면 좋은 아이를 가질 수 없다고 믿고 월경 기간인 6일 동안과 끝난 뒤의 7일 동안은 금욕을 하는 '닛다 임신법'을 지킵니다. 또한 미국의 태교법에는 아기가 태어나기 한두 달 전에 엄마의 여자 친구들만 초대하여 태어날 아기를 위한 축하 파티를 열어 주는 '베이비 샤워(Baby shower)'가 있습니다.

Q9. 태교로 외국어를 공부하면 나중에 아이가 정말 외국어를 잘할까요?

어느 정도는 도움이 될 수 있습니다. 하지만 공부에 대한 스트레스가 태아와 엄마 모두에게 좋지 않은 영향을 끼칠 수도 있으니, 엄마가 즐거운 마음으로 외국어 태담을 들려주는 것이 좋습니다. 외국어 태교를 꾸준히 하면 엄마 자신도 외국어에 친숙해져서 나중에 자녀를 교육시킬 때도 도움이 될 수 있습니다. 또한 다양한 언어의 소리를 접한 태아는 좋은 자극을 받아 두뇌와 언어 감각이 발달하게 됩니다.

Q10. 태교에 좋은 운동은 무엇이 있나요?

걷기와 골반 확장 운동, 복근 운동, 상체 강화 운동, 허리 강화 운동 등 순산 체조가 도움이 됩니다. 순산 체조의 기본은 호흡과 스트레칭인데 숨어 있는 근육들을 부드럽게 풀어 주워 순산에 도움이 됩니다.

Q11. 태교 음악으로 꼭 클래식만 들어야 하나요?

태교 음악은 엄마가 듣기에 즐겁고 편안한 곡이라면 무엇이든 좋습니다. 팝, 가곡, CCM, 가요, 동요, 국악, 클래식 등 어떤 장르든 말이죠. 청각 태교는 두뇌 발달에 직접적인 영향을 주는데 가장 좋은 음악 태교는 바로 엄마의 심박음입니다. 그러므로 엄마의 심장 박동과 비슷한 리듬으로 태아의 뇌를 적절하게 자극시키면 좋은 효과를 기대할 수 있습니다. 우선 엄마가 좋아하는 음악을 많이 들려주면서 태아와 함께 리듬에 맞추어 호흡하는 것이 가장 좋습니다.

Q12. 태교에 좋지 않은 음악도 있나요?

몸에 좋지 않은 유해 음식이 있듯이 좋지 않은 유해 음악이 있습니다. 예를 들면 지나치게 시끄럽거나 불건전한 가사의 음악들, 태교에 좋다고 해서 좋아하지도 않는 음악을 억지로 듣는 것 역시 태아에게는 도움이 되지 않습니다.

Q13. 음악 태교를 할 때 뱃속까지 들리도록 큰 소리로 들어야 하나요?

태아는 엄마의 목소리뿐만 아니라 심장 소리와 양수가 흘러가는 소리까지 들을 정도로 청각이 가장 먼저 발달하기 때문에 태교 음악을 너무 큰 소리로 듣는 것은 좋지 않습니다. 엄마에게 들리는 음의 소리가 높으면 엄마의 감정 상태가 예민해져서 태아에게 그대로 전달되기에, 음계 솔음이 가장 이상적인 음의 높이라 할 수 있습니다.

Q14. 임신한 아내에게 태교 선물로 무엇을 하면 좋을까요?

아내에게 최고의 선물은 아내와 함께 데이트를 하면서 사랑을 고백하는 것입니다. 임신일로부터 부부만의 3.6.9 day를 만들어서 장미 한 송이라도 작은 마음의 선물을 주는 것이 좋습니다.

Q15. 아빠도 태교를 해야 하나요?

태교는 아빠가 먼저 해야 됩니다. 과학적으로도 그 이유는 분명합니다. 남편의 생명 씨앗이 아내의 자궁에 착상되는 것으로부터 생명이 시작되기 때문입니다. 아빠와 함께하는 태교는 아내를 행복하게 만들어 주어 아기에게도 그대로 전달됩니다.

Q16. 태교 여행을 가고 싶은데요. 아기에게 나쁘지는 않을까요?

어느 정도의 태교 여행은 아기에게 도움을 줍니다. 그러나 여행은 많은 에너지를 필요로 하기 때문에 임신 말기의 무리한 여행은 조산의 위험이 있어 좋지 않습니다.

Q17. 임신 중 부종을 예방하는 방법은 없나요?

부종은 몸이 심하게 부어오르는 것으로 처음에는 발과 다리에 증세가 나타나다가 차츰 온몸이 붓게 됩니다. 특히 임신 중 체중이 지나치게 늘어난 임산부에게 주로 나타나는데 이것은 발목에서 지탱해야 할 하중이 그만큼 커지기 때문입니다. 예방법으로는 팔, 다리를 높은 곳에 올려놓거나 물과 채소를 충분히 섭취하면서 짜게 먹지 않는 것입니다.

Q18. 다리에 경련이 나는데 어떡하죠?

배가 불러질수록 골반 주위의 뼈가 조금씩 벌어지면서 발과 다리의 근육들이 몸을 지탱하기 어려워져 주변 근육들이 뭉쳐 쥐가 나기도 합니다. 발목을 천천히 돌리거나 다리 전체를 쭉 폈다, 오므렸다를 반복하면 도움이 됩니다.

Q19. 임신 하고 자주 허리가 아픈데 어떡하죠?

배가 커지면서 몸의 중심이 앞쪽으로 쏠리게 됩니다. 이때 균형을 잡기위해 의식적으로 배를 내밀게 되는데 이런 자세가 등뼈와 골반뼈에 부담을 주게 됩니다. 평소에 앉거나 걸을 때 허리를 쭉 펴고 자세를 바르게 하는 습관을 들이고, 누울 때는 몸에 부담이 덜 가는 심즈 체위(왼쪽)로 누우면 도움이 됩니다.

Q20. 임신 중 커피 한두 잔은 괜찮을까요?

카페인을 많이 섭취하면 태아의 근력과 운동 신경이 약해집니다. 임신 중 커피는 임신성 고혈압에 노출될 위험과 저체중아를 출산할 위험이 있기 때문에 일주일에 한 잔 정도가 적당하며 임신 28주부터는 아예 피하는 것이 좋습니다.

아름다운 태교가 아름다운 사람, 아름다운 가정, 아름다운 세상을 만듭니다.

엄마가 숨 쉴 때 숨 쉬고 노래할 때 함께 노래하는 태아는 엄마와 곧 하나입니다.

그래서 태교를 하면 행복한 임신의 시간을 보내고 건강한 아기를 출산할 수 있습니다.

인생의 시작점인 태아의 유전자에 어떤 씨앗을 심느냐에 따라서 아기의 인생이

결정된다는 것을 기억하고 품격 있는 태교로 아름다운 꽃을 피우기 바랍니다.

태담 동시에 나왔던 삽화들입니다.
왼쪽에 있는 선을 자른 다음
엄마가 직접 색칠하고 꾸며서
태아를 위한 그림을
완성해 보세요.

1.

2.

3.

4.

5.

6.

7.

"아가야, 이런 아이로 자라다오!"

Welcome

Welcome

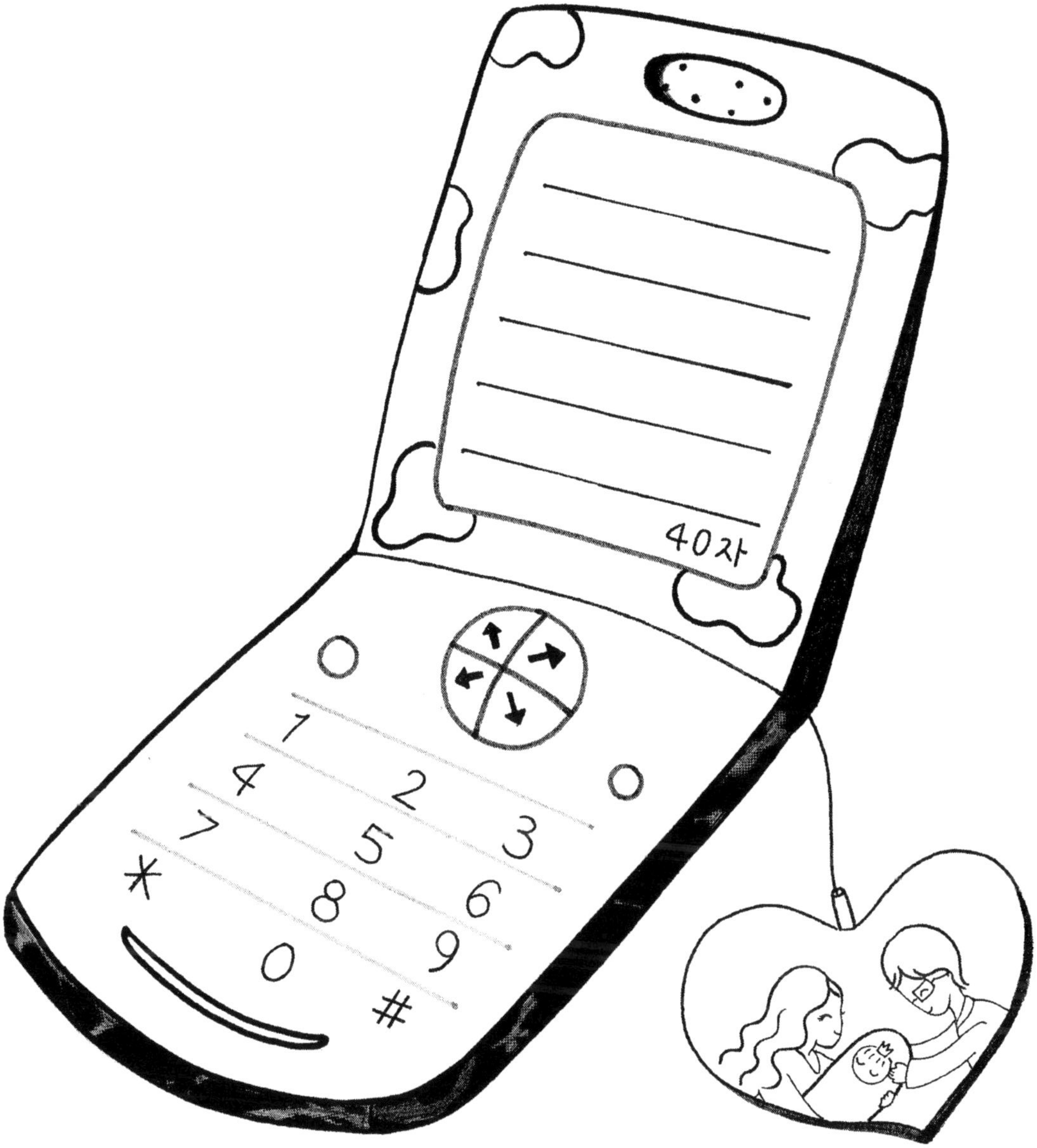

사랑하는 아기에게 보내는 문자 메시지를
적어 보세요.

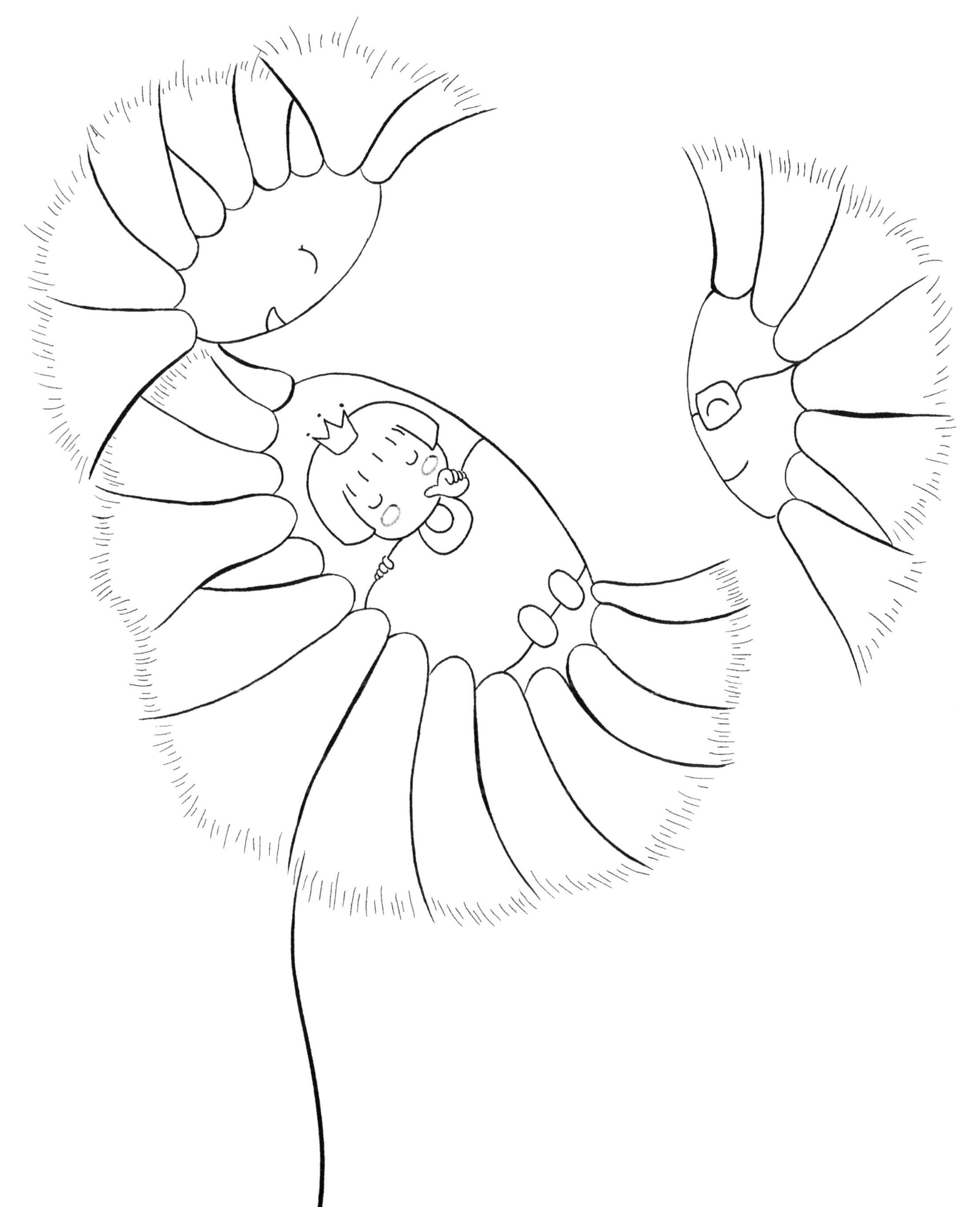

뜻깊은 태아 학교 설립을 시작하면서

대한민국 땅에서
1분마다 한 명씩 태어나는 새 생명과
20초마다 한 명씩 빛도 보지 못하고 죽어 가는 태아들을 위해서
단 1명의 손을 잡아 주시기를 바랍니다.

태아 학교는 이 땅의 모든 태아들을 위해 시작되었습니다. 2009년 출산율은 1.19명으로 전년에 비해 0.06명 감소하여 세계 최저 수준을 기록하고 있습니다. 또한 빛도 보지 못하고 죽어 가는 낙태아도 출산율의 3배가 넘었습니다. 태아를 포함한 모든 신생아는 우리의 미래이며 꿈입니다. 이들을 살리고 세우는 일은 우리 모두의 책임입니다.

2010년 1월 현재, 맑은샘 태교연구소는 전국의 미혼모 센터 13곳과 병원, 보건소, 문화센터, 교회, 학교 등에서 200강 좌를 개설하여 80명의 전문 강사들이 매주 1,000명 이상의 임산부들을 만나서 행복한 임신과 생명의 소중함을 전하고 있습니다. 임산부들에게 건강하고 아름다운 출산과 양육의 권리가 있음을 알림과 동시에 실제적이고 실천적인 발걸음 으로 우리 모두가 함께하기를 기대합니다.

태아 학교 설립 목표 10가지

1. 임산부 태교
2. 미혼모 교육
3. 이주 여성 태교
4. 초 · 중 · 고등학교 청소년 성교육
5. 금연, 금주 교육

6. 청소년 예비 엄마 아빠 교육
7. 쉐마(Shema) 교육
8. 행복한 엄마 아빠 교육
9. 임산부 상담실 운영
10. 임산부 문화 공간

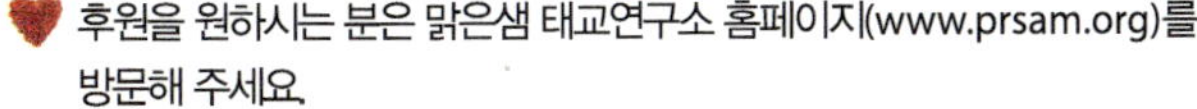

후원을 원하시는 분은 맑은샘 태교연구소 홈페이지(www.prsam.org)를
방문해 주세요.